"十二五"职业教育国家规划教材
经全国职业教育教材审定委员会审定

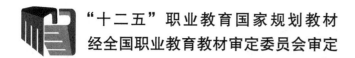

计算机网络技术基础
（第2版）

段 标 张 玲 主编

电子工业出版社·
Publishing House of Electronics Industry
北京·BEIJING

内 容 简 介

本书根据教育部颁发的《中等职业学校专业教学标准（试行）信息技术类（第一辑）》中的相关教学内容和要求编写而成。

本书的编写从满足经济发展对高素质劳动者和技能型人才的需求出发，在课程结构、教学内容、教学方法等方面进行了新的探索与改革创新，以利于学生更好地掌握本课程的内容，利于学生理论知识的掌握和实际操作技能的提高。

本书内容涉及计算机网络的基本知识、网络模型和体系结构、网络互连技术、局域网技术、Internet 接入和网络安全技术。本书的前 3 章为网络的基本理论，用传统编写模式编写，后 3 章采用项目课程模式编写，将基本理论与操作技能进行了有机融合。本书主要围绕计算机网络的基础知识与实用技术展开介绍，并附有一定量的习题，有助于提高学生的操作技能与动手能力。

本书可作为计算机网络技术专业的核心课程教材，也可作为各类计算机网络技术培训的教材，还可以供从事网络技术相关岗位工作的人员参考学习。本书配有教学指南、电子教案和案例素材，详见前言。

图书在版编目（CIP）数据

计算机网络技术基础 / 段标，张玲主编. —2 版. —北京：电子工业出版社，2019.11

ISBN 978-7-121-38032-7

Ⅰ. ①计… Ⅱ. ①段… ②张… Ⅲ. ①计算机网络—职业教育—教材 Ⅳ. ①TP393

中国版本图书馆 CIP 数据核字（2019）第 268341 号

责任编辑：关雅莉　　文字编辑：徐　萍
印　　刷：三河市鑫金马印装有限公司
装　　订：三河市鑫金马印装有限公司
出版发行：电子工业出版社
　　　　　北京市海淀区万寿路 173 信箱　邮编　100036
开　　本：787×1 092　1/16　印张：12　字数：307.2 千字
版　　次：2016 年 11 月第 1 版
　　　　　2019 年 11 月第 2 版
印　　次：2023 年 6 月第 11 次印刷
定　　价：28.00 元

前言
reface

为建立健全教育质量保障体系，提高职业教育质量，教育部于 2014 年颁布了《中等职业学校专业教学标准（试行）》（以下简称《专业教学标准》）。《专业教学标准》是指导和管理中等职业学校教学工作的主要依据，是保证教育教学质量和人才培养规格的纲领性教学文件。在"教育部办公厅关于公布首批《中等职业学校专业教学标准（试行）》目录的通知"（教职成厅[2014]11 号文）中，强调"专业教学标准是开展专业教学的基本文件，是明确培养目标和规格、组织实施教学、规范教学管理、加强专业建设、开发教材和学习资源的基本依据，是评估教育教学质量的主要标尺，同时也是社会用人单位选用中等职业学校毕业生的重要参考。"计算机网络技术专业的职业范围见下表。

计算机网络技术专业的职业范围

序号	对应职业（岗位）	职业资格证书举例	专业（技能）方向
1	网络设备调试员、计算机网络管理员	网络设备调试员、计算机网络管理员	网络管理与维护
2	网络编辑员、电子商务师	网络编辑员、电子商务师	网络产品营销

1. 本书特色

本书根据教育部颁发的《中等职业学校专业教学标准（试行）信息技术类（第一辑）》中的相关教学内容和要求编写而成。

在编写过程中，本书立足于培养实用型人才，力求做到：理论知识以必需、够用为度，注重实用技术的介绍，注重培养学生的基本职业技能与职业能力。本书分为 6 章，前 3 章以计算机网络的基础理论为主，后 3 章将基本理论与操作技能进行了有机融合。第 1 章介绍了网络的基础知识及数据通信的常识，如计算机网络的概念、计算机网络的发展、功能、拓扑结构等；第 2 章主要介绍了网络分层设计的思想，开放式系统互连参考模型、TCP/IP 网络模型和 IP 地址的相关知识，帮助学生理解网络体系中的相关理论及网络的基本配置知识；第 3 章主要介绍了网络介质与网络连接设备的知识，帮助学生正确认识网络介质与网络设备在网络中的作用；第 4 章主要介绍了局域网的基本知识及常用局域网技术，用两个任务介绍了对等网的组建技术和可管理网络的组建技术，内容涉及交换机的基本配置；第 5 章主要介绍了因特网的知识及接入技术，通过 3 个任务介绍了 ADSL 接入、无线路由器的配置以及路由器的基本配置；第 6 章主要介绍了基本的网络安全理论与技术，使学生了解基本的网络安全防范技术。

2．课时分配

本书参考课时为 96 课时，具体可见与本书配套的电子教案。

3．教学资源

为提高学习效率和教学效果，方便教师教学，编者为本书配备了包括教学指南、电子教案、案例素材、微课，以及习题参考答案等在内的教学资源，请有此需要的读者登录华信教育资源网（http://www.hxedu.com.cn）注册后进行免费下载，有问题时请在网站留言板留言或与电子工业出版社联系（E-mail：hxedu@phei.com.cn）。

4．本书编者

本书由段标、张玲担任主编，严终敏、胡刚强、唐运韬、姜军对本书的项目内容进行了测试验证。在编写过程中，编者得到了南京市玄武中等专业学校领导的大力支持，在此表示衷心的感谢。

由于编者水平有限，加之时间仓促，书中难免有错误和不妥之处，恳请广大师生和读者批评指正。

编　者

目录 Contents

课 前 准 备

亲爱的同学们，在信息技术飞速发展的今天，在计算机网络无处不在的今天，非常庆幸，大家能够学习计算机网络的相关知识。大概大家已经习惯了网络的存在，但大家对计算机网络技术有多少了解呢？家里的终端设备不能上网，你会处理吗？计算机网络到底是什么呢？风靡世界的互联网是不是就是计算机网络呢？这些问题在学习了本课程后，相信大家会找到答案的。为了更好地学习本课程，我们先利用课余时间来做一个简单的社会调查。

一、调查准备

1. 分组

根据每个学生的自身特点及兴趣爱好等情况，将班级学生按 5 或 6 人分为一个小组，每个小组的成员尽量做到合理搭配。如有可能，每个小组尽量做到有一个有一定组织能力的学生、一个比较活跃善于交际的学生、一个比较沉稳的学生等，同时需要考虑平时学生相处关系的好坏。

2. 确定调查单位

结合本地区的实际情况，确定一定量的调查单位，主要以如下几种单位为主：一定规模的正规网络服务公司、网络系统工程公司、学校、政府机构、商场、图书馆的网络中心等。（主要由学生根据本组成员的组成情况来确定，对于有一定困难的小组，教师可以将往届毕业生以及与学校有一定合作关系的实习单位情况提供给学生，由学生自行联系。）

3. 调查方案

以问卷调查方案为主，也可以采用走访、街头随访的方式进行。

4. 资料查询

在进行调查之前，借助因特网及其他渠道（如电话号码查询系统、一些广告等），对所要调查的对象有一个初步的认识，了解被调查单位的一些基本情况。

二、调查目的

（1）了解计算机网络在本地区的普及情况。

（2）了解计算机网络在被调查单位中发挥的主要功能。

（3）培养学生团结协作精神。

三、调查问卷（供参考）

某学校计算机网络专业课程学习社会调查表

调查人：＿＿＿＿＿＿＿＿＿＿＿　　　调查时间：＿＿＿＿＿＿＿＿＿＿＿

调查地点：＿＿＿＿＿＿＿＿＿＿　　　调查方式：＿＿＿＿＿＿＿＿＿＿＿

一、被调查单位基本情况

单位名称：＿＿＿＿＿＿＿＿＿＿　　　单位性质：＿＿＿＿＿＿＿＿＿＿＿

联系电话：＿＿＿＿＿＿＿＿＿＿　　　网　　址：＿＿＿＿＿＿＿＿＿＿＿

被调查人姓名：＿＿＿＿＿＿＿＿＿　　　职　　务：＿＿＿＿＿＿＿＿＿＿＿

二、调查内容

1．贵单位是否组建了单位内部的计算机网络？

　　是 □　　　　　　　　否 □

2．贵单位是否近期准备组建单位内部的计算机网络？

　　是 □　　　　　　　　否 □

3．贵单位组建计算机网络的主要目的是什么？

　　A．单位内部的管理　　　　　　B．单位资料的共享

　　C．单位设备的共享　　　　　　D．其他目的

4．贵单位的计算机网络是否有专人管理，管理人员的主要工作是什么？

5．贵单位的网络是有线网还是无线网？

6．贵单位的内部计算机网络是否与因特网连接？

　　是 □　　　　　　　　否 □

7．单位内部组建计算机网络给工作带来了哪些方便？

8．单位内部组建计算机网络在工作中有没有危害？如果有，主要是什么危害？

四、调查资料汇总

各个小组将本组的调查资料和查找到的资料进行汇总，撰写出本组的调查总结报告。

第1章

走入网络世界

内容导读

　　随着计算机技术的迅速发展，计算机的应用逐渐渗透到各个技术领域和社会生活的各个方面。社会的信息化趋势、数据的分布处理，以及各种计算机资源的共享等方面的需求，推动了计算机技术向群体化的方向发展，促使计算机技术与通信技术紧密地结合起来，计算机网络由此而生，它代表了当前高新技术发展的一个重要方向。尤其是 20 世纪 90 年代以来，世界的信息化和网络化使得"计算机就是网络"的概念渐渐深入人心，网络已经成为人们生活的一部分。

1.1　网络是什么

　　电子计算机的诞生给社会带来了巨大变化，而计算机网络的出现更是颠覆了人们的传统生活方式，因特网的广泛应用使地球真正成为一个传统意义的村庄。

1.1.1　网络世界

　　计算机网络发展至今只有短短的数十年时间，网络技术、服务对象、普及程度发生了翻天覆地的变化，随着因特网的普及，网络充斥到世界的每一个角落，在人们的身边提供了各种服务。

1. 网络游戏

网络游戏又称"在线游戏"，简称"网游"。它是以互联网为传输媒介，以游戏运营商服务器和用户计算机为处理终端，以游戏客户端软件为信息交互窗口，旨在实现娱乐、休闲、交流和取得虚拟成就的、具有相当可持续性的个体性多人在线游戏。它能够吸引大量的年轻人参与其中，现在已经形成为一个产业，如图1-1所示。

图1-1 网络游戏

2. 网上冲浪

网络媒体是一种新型的媒体形式，以其快速、迅捷及传递多感官的信息等特点成为第四媒体。通过互联网，网络媒体可以将信息24小时不间断地传播到世界的每一个角落。只要具备上网条件，任何人可在任何地点阅读。特别是4G技术的广泛使用，世界大事可以在最短的时间内通过网络传送给用户。用户可以访问因特网上的相关网站，根据个人的兴趣在网上畅游。较之传统的电视媒体、平面媒体，网络媒体具有高效、快速、方便等优点。

3. 电子商务

电子商务是消费者借助网络，进入网络购物平台进行消费的行为。网络上的购物平台通常是由网络服务商建立的虚拟的数字化空间，它借助 Web 来展示商品，并利用多媒体特性来加强商品的可视性、选择性。用户可以通过网络订购机票、预订旅馆、购买物品等，如图1-2所示，网络为人们的出行和购物带来了极大的方便。

4. 网上炒股

网上炒股指把传统的股票交易大厅"搬到"了自家的计算机中，通过网络连接到证券网站进行在线股票交易。在提供网上证券交易的网站上，有大量的资讯信息提供给股民。与大盘同步的行情通报已经是证券网站的基本配置，除此之外，网站还提供了大量的财经新闻、上市公司背景资料。一些网站同时提供了股市分析的工具软件，可以协助股民进行各种投资分析，并定制和安排自己的投资组合，一些网站还有专门的股评师、市场专家在线进行各种分析和指导，如图1-3所示。

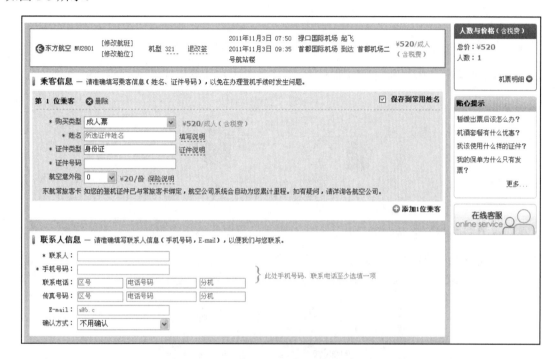

图1-2　网上预订机票

图1-3　网上交易系统

网络在我们身边的应用远不止上述所列的内容，网络给人们带来的便利在无形中影响着人们的生活方式，网络正在以自己的方式改变着整个世界。

1.1.2 身边的计算机网络

现在有一种说法：计算机就是网络。这种说法虽有些片面，但也说出了一个实情：现在的计算机离开了网络，使用起来会非常不方便。图 1-4 所示为计算机通过因特网获取信息的情况。

图 1-4 接入 Internet 的计算机

在各种类型的办公空间中可看到如图 1-5 所示的场景，办公室里每个人的计算机均连接在公司内部的网络上，他们可以在计算机间通过网络互相传递数据。

图 1-5 网络化办公的工作场景

图 1-6 所示的场景是大家都很熟悉的，现在各大、中、小型城市中各种各样的、各种规模的网吧比比皆是。每一个网吧就是一个网络，通过一个代理连接到 Internet，体验着网络中的各种服务。

图 1-6 网吧

移动网络是网络未来发展的一个方向，在许多场合都可以看到人们拿着一个移动终端，使用 4G 或 Wi-Fi 技术接入互联网，处理相关事务，如图 1-7 所示。

图 1-7　移动办公

1.1.3　计算机网络

在日常生活中可以看到如下情景：网络好像就是计算机连接网线，在计算机上进行简单的设置即可。如果有机会，可能还会看到如图 1-8 所示的场景。这个场景是比较大的网络使用的配线柜。那么网络到底是什么呢？

图 1-8　网络配线柜

一般的计算机网络包含以下元素。

（1）一定数量的计算机（这些计算机能独立工作）。

（2）电缆线和集线设备。

（3）软件（包括操作系统以及各种应用软件）。

有了这几个要素，从实际应用出发，来考虑什么是计算机网络。

1. 一定数量的能独立工作的计算机

计算机网络离开计算机是不能称为计算机网络的，这些计算机本身需要能够独立工作，本身是一个独立的系统。一台计算机是不能成为网络的，成为网络必须有相当数量的计算机。所以，网络的第一个要素是独立自主的计算机系统的集合。

2. 通过通信介质连接起来

这些地理位置分散的计算机如果不能相连（不论使用什么方式，有线或无线的连接），计算机网络还是不能构建起来，要想这些独立的计算机能够共同工作，需要将它们连接在一起。所以，网络的第二个要素是通过通信介质将计算机连接起来。

3. 共同遵守相应的标准

将一群计算机使用传输介质连接在一起，它们就可以共同工作了？当然不能。例如，一个俄罗斯人，一个中国人，一个意大利人，各自只会自己国家的语言，他们能交流吗？如果他们都会说中文呢？计算机网络也是这样，每个计算机都要遵守一个相同的规则，相互通信就没有问题了。所以，网络的第三个要素是要有一个共同遵守的规则或协议。

4. 组建网络的目的

做任何事情都会有一定的目的，人们花费那么大的力气去构建计算机网络必定有构建的必要。将计算机连接起来后，人们可以相互交换数据、相互联系、通过网络使其他人允许自己使用计算机上的资源。所以，网络的第四个要素是以资源共享和数据通信为目的。

综上所述，计算机网络可以这样来描述：将地理位置不同但具有独立功能的多个计算机系统，通过通信设备和通信线路连接起来，在功能完善的网络软件（网络协议、网络操作系统、网络应用软件等）的协调下实现网络资源共享的计算机系统的集合。简单来说，计算机网络就是以资源共享为目的、自主互连的计算机系统的集合。

1.2 网络的历史

随着计算机技术和通信技术的发展，计算机的应用已逐渐渗透到社会发展的各个领域，各种计算机资源的不断增加，推动着计算机技术向网络化方向发展，计算机网络已经成为人们学习、工作、生活不可缺少的伙伴。

1.2.1 计算机网络的形成与发展

计算机网络是计算机技术与通信技术相结合的产物，它的发展经历了一个从简单到复杂、从低级到高级的发展过程，大致经历了具有通信功能的单机系统阶段、具有通信功能的多机系统阶段、以资源共享为目的的计算机网络系统阶段等。

1. 具有通信功能的单机系统

20 世纪 50 年代初期，由于计算机刚刚研制成功不久，主要的逻辑元器件是电子管，所以计算机的体积庞大，价格昂贵，只能由专门的技术人员在专门的环境下进行操作与管理，一般人接触不到。人们在需要使用计算机时，只能自己携带程序和数据，到机房交给计算机操作员，等待若干时间后，再去机房取回运行结果。如果程序有错，修改后需要再次重复这一过程。这种方式就是批处理方式。

1951 年，美国麻省理工学院林肯实验室开始为美国空军设计称为 SAGE（Semi Automatic Ground Environment）的半自动化地面防空系统，并于 1963 年建成。它制定了 1600b/s 的数据通信规程，提供了高可靠性的多种路径选择算法，是计算机技术和通信技术相结合的先驱。20 世纪 60 年代初期，美国航空公司建成了订票系统 SABRE-1，该系统以一台大型计算机作为中央计算机，连接了遍布美国的 200 多台终端。1968 年投入运行的美国通用电气公司的信息服务系统是世界上最大的商用数据处理系统，其地理范围从美国本土延伸到欧洲各国、澳大利亚和日本。这种网络形式是早期计算机网络的主要形式，使用了分时系统，是具有通信功能的单机系统，又称为终端-计算机网络。

终端-计算机网络的构成：在计算机上增加一个称为线路控制器的通信装置，使主机具备通信功能；将远地用户的输入输出装置通过通信线路与计算机的通信装置相连；这样，用户就可以在远地的终端上键入自己的程序与数据，再由主机处理，处理结果再经通信线路返回给用户，如图 1-9 所示。在这种系统中，最初采用点-点方式，每个终端独占一条线路与主机相连，主机和线路利用率很低，20 世纪 60 年代初期，随着多重线路控制器的使用，一台计算机主机可以和许多远程终端相连接，出现了现代计算机网络的雏形。

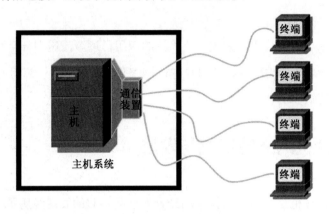

图 1-9　具有通信功能的单机系统

2. 具有通信功能的多机系统

随着计算机功能的不断拓展，计算机用户量也迅速增长，单机系统功能上的弱点慢慢地显露出来，主要表现在如下两个方面。第一，主机的负担太重。在单机系统中主机既要进行数据处理，又要完成通信控制，通信控制任务的加重，势必降低数据处理的速度，对昂贵的主机资源来讲，这显然是一种浪费。第二，线路的利用率比较低。每个终端占有一条通信信道，信道时常处于一种闲置状态，当终端速率很低时，表现得尤为明显。

为了克服第一个缺点，人们意识到应该设计出另一种不同的硬件结构的设备来完成数据通信的任务，通信处理机应运而生。通信处理机又称为前端处理机，简称前端机，主要用于分工完成全部的通信控制任务，这样主机就能进行专门的数据处理，大大提高了主机进行数据处理的效率。

远程终端的数量不断增加，使通信费用随之增加，为了节省通信费用，提高线路的利用率，应在远程终端比较密集的地方加一个集中器。集中器和前端机相似，也是一种通信处理机，它的一端用多条低速线路与各终端相连，另一端则用一条较高速率的线路与主机的前端处理机相连，如图 1-10 所示。

为了完成前置处理机和集中器应完成的复杂控制工作，前置机与集中器的任务由小型机或微机来承担，这种联机系统就是多机互连系统。具有通信功能的单机系统与具有通信功能的多机系统阶段可以称为第一代计算机网络，即远程终端连接的网络。

图 1-10 多机系统

3. ARPANet 与分组交换网络

多机互连系统为计算机应用开拓了新的领域，但是又向计算机技术提出了新的要求：计算机系统之间的通信要求。一个主机系统的资源是有限的，用户当然希望能够使用其他主机的资源，或者与其他主机系统的用户共同完成某项任务，即与别人共享资源，分组交换网的出现使这种想法成为可能。

20 世纪 60 年代中期出现了大型计算机，因而提出了对大型主机资源远程共享的要求，以程控交换为特征的电信技术的发展为其提供了实现的手段。1969 年底，美国国防部高级计划研究局建成了 ARPANet 实验室，标志着现代意义上的计算机网络的诞生。建网之初，ARPANet 只有 4 个节点。两年后，建成 15 个节点，进入工作阶段。此后，ARPANet 的规模不断扩大。20 世纪 70 年代后期，它的网络节点超过 60 个，具有 100 多台主机，地理范围跨越美洲大陆，连通了美国东部和西部的许多大学和科研机构，又通过卫星与夏威夷和欧洲等地区的计算机网络相互连接。

计算机网络技术的发展与计算机操作系统的发展有着密切的关系。1969 年，AT&T 成功开发了多任务分时操作系统 UNIX，而最初的 ARPANet 的 4 个节点处理机就采用了装有 UNIX 操作系统的 PDP-11 小型机。由于 UNIX 操作系统的开放性及 ARPANet 的出现带来的曙光，许多学术机构和科研部门纷纷加入该网络，使得 ARPANet 在短时期内就得到了较大的发展。

ARPANet 的特点通常被认为是现代计算机网络的主要特征，其要点有以下几个方面。

（1）实现了计算机之间的相互通信，这样的系统称为计算机互联网络。

（2）将网络系统分为通信子网与资源子网两部分，网络以通信子网为中心。通信子网处在网络内层，子网中的计算机只负责全网的通信控制，称为通信控制处理机。资源子网处在网络外围，由主计算机、终端组成，负责信息处理，向网络提供可以共享的资源。ARPANet 的结构如图 1-11 所示。

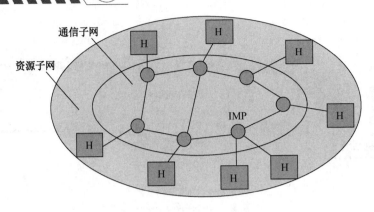

图 1-11　APPANet 结构示意图

（3）使用主机的用户通过通信子网共享资源子网的资源。从现代计算机网络这个概念上来说，使用网络通信只是手段，实现资源共享才是其主要目的。

（4）采用了分组交换技术。发送节点将要传递的数据分成若干小块，分别进行打包，称为数据包或分组。每个分组有固定的长度，按照分块顺序编号，并加上源地址、目的地址，以及约定的头信息、尾信息。打包好的分组，从源节点发送后，各自在网络中从一个节点传送到下一个节点。

（5）使用了分层的网络协议。不严格地说，分层网络协议就是将与数据通信、网络应用有关的程序（协议软件），按其功能分为若干层次，低层次的协议软件运行在通信子网的通信控制处理机中，而全部层次的协议软件则运行于资源子网的主机中。

20 世纪 70 年代中后期是广域网的大发展时期。各发达国家的政府部门、研究机构和电报电话公司都在发展各自的分组交换网络。这些网络都以实现远距离的计算机之间的数据传输和信息共享为主要目的，通信线路大多采用租用电话线路，少数铺设专用线路，数据传输速率约为 50kb/s。这一时期的网络被称为第二代计算机网络，以远程大规模互连为其主要特点。

4. OSI 参考模型的诞生

经过 20 世纪 60 年代、70 年代前期的发展，人们对组网技术、组网方法和组网理论的研究日趋成熟。为了促进网络产品的开发，各大计算机公司纷纷制定了自己的网络技术标准。1974年，IBM 公司首先提出了系统网络体系结构（System Network Architecture，SNA）标准。1975年，DEC 公司也公布了数字网络体系结构（Digital Network Architecture，DNA）标准。这些标准只在一个公司范围内有效。遵从一个标准、能够互连的网络通信产品，只是同一公司生产的同构型产品。网络市场的这种状况使得用户在投资方向上无所适从，也不利于厂商之间的公平竞争。人们迫切要求制定一套标准，各厂商遵从这个标准生产网络产品，使不同型号的计算机能方便地互连成网。为此，1977 年，国际标准化组织（Inter national Organization for Standardization，ISO）的 SCl6 分技术委员会着手制定开放系统互连（Open System Interconnection，OSI）参考模型。1981 年，ISO 正式公布了这个模型，并得到了国际上的承认，被认为确立了新一代网络结构。所谓开放系统是指，只要网络产品（软件、硬件）符合 OSI 标准，任何型号的计算机都可以互连成网。

OSI 参考模型规定了在节点间传送的分组（一个信息传送单位）格式。它将网络应用软件的共同部分分为 7 个层次，称为协议。从第 1 层到第 7 层依次是物理层、数据链路层、网络层、传输层、会话层、表示层、应用层。每一层利用下一层的功能实现一些本层次的新功能，为上一层提供增值服务。因此，任意一层的功能都包含了它下面所有层次的功能。层与层之间留有若干接口，称为服务访问点（Service Access Point，SAP）。任意一层均可通过这些服务访问点来调用相邻的下一层的功能，以实现本层的新功能。同时，它规定任意一层只能调用与它相邻的下一层的功能。

OSI 是由 ISO 制定的参考模型，它并非实际产品。OSI 模型适用于将不同型号的计算机互连成的一个单一的网络。它极大地推动了网络标准化的进程，而这个进程又反过来促进了计算机网络的迅速发展。这一阶段是网络的标准化时期。

5．TCP/IP 协议的成功

1974 年，塞尔夫和卡恩共同设计、成功开发了著名的 TCP/1P 协议。需要注意的是，TCP/IP 是一族协议中的两个主要协议。其中，TCP（Transmission Control Protocol）指传输控制协议，而 IP （Internet Protocol）指互联网协议。TCP/IP 很快被插入到 UNIX 系统内核中，从而为不同类型的计算机通信子网的相互连接提供了标准和接口。由于 ARPANet 与 UNIX 系统的迅速发展，TCP/IP 协议逐渐得到了工业界、学术界及政府机构的认可，并获得了进一步的发展。另一方面，TCP/IP 协议本身具有简单、实用的优良特性，从而使之焕发出无限活力，形成了今天的 Internet。

TCP/IP 模型由 4 个层次组成，主要是针对互联网的。它也规定了在 Internet 网络中传送的 IP 分组格式。其中，IP 协议运行于连接两个或多个网络的路由器中，并叠加于原网络协议的数据链路层（或网络层）协议之上，而全部 TCP/IP 协议则运行于连接在 Internet 上的主机中，并叠加于原网络协议的数据链路层（或网络层）协议之上。

从第 1 层到第 4 层依次是网络接口层、互联网层、传输层和应用层。严格说来，TCP/IP 协议只包含了互联网层（运行 IP 协议）和传输层（运行 TCP 协议）两层，因为应用程序不能算做它的一部分，而 TCP/IP 又叠加于原网络协议的数据链路层（或网络层）协议之上，因此它既不包含链路层协议，又不包含物理层协议，它的网络接口层实际上就是原来物理网络的通信子网。也就是说，IP 协议可以很好地和任何物理网络连接起来，而不改变原来的物理网络。

TCP/IP 协议来自实践，是一个实际产品，它将使用不同网络技术的若干网络连接成一个可以相互通信、相互操作的无缝整体。在用户看来，这个整体就是一个单一的网络，它屏蔽了隐藏于整体之下的不同物理网络的细节。除了网络互连功能之外，TCP/IP 必须实现的另一个主要目的是，网络不受子网硬件故障的影响，已经建立的会话不会被取消。也就是说，只要源端和目的端机器都在工作，即使某些中间机器或传输线路突然失去控制，也能保持网络连接。TCP/IP 协议的广泛使用，使计算机网络步入了第三代计算机网络时代。

6. 互联网的兴起

20 世纪 90 年代，计算机技术、通信技术及建立在计算机和网络技术基础上的计算机网络技术得到了迅猛的发展。特别是 1993 年美国宣布建立国家信息基础设施 NII 后，全世界许多国家纷纷制定和建立本国的 NII，从而极大地推动了计算机网络技术的发展，使计算机网络进入了一个崭新的阶段。全球以美国为核心的高速计算机互联网络（Internet）已经形成，Internet 已经成为人类最重要的、最大的知识宝库。互联网的兴起标志着计算机网络的发展进入了第四个阶段——网络互连阶段。美国政府又分别于 1996 年和 1997 年开始研究发展更加快速可靠的互联网 2（Internet 2）和下一代互联网（Next Generation Internet）。可以说，网络互连和高速计算机网络正成为最新一代的计算机网络的发展方向。

1.2.2　计算机网络在中国

我国的计算机网络发展起步较晚，但经过几十年的发展，依托于我国国民经济和政府体制改革的成果，已经显露出巨大的发展潜力。中国已经成为国际网络的一部分，并且已经拥有世界上最大的网络用户群体。

最早着手建设计算机广域网的是铁道部。铁道部在 1980 年即开始进行计算机联网实验，当时的几个节点是北京、天津、上海等铁路局及其所属的 11 个分局，网络体系结构为 Digital 公司的 DNA。

1989 年 2 月，我国的第一个公用分组交换网 CHINAPAC 通过试运行和验收，达到了开通业务的条件，CHINAPAC 分组交换网由 3 个分组节点交换机、8 个集中器和 1 个双机组成的网络管理中心组成。同时，公安部和军队相继建立了各自的专用计算机广域网。除了广域网外，从 20 世纪 80 年代起，国内的许多单位都陆续安装了大量的局域网，使更多的人能够了解计算机网络的特点和用途。

从 1993 年开始，几个全国范围的计算机骨干网络工程相继启动，从而使网络在我国迅速发展。到目前为止，我国已建成四大互联网络。

1. 中国公用计算机互联网

该网络于 1994 年 2 月，由原邮电部（现信息产业部）与美国 Sprint 公司签约，为全社会提供 Internet 的各种服务。1994 年 9 月，中国电信与美国商务部布朗部长签订中美双方关于国际互联网的协议，协议中规定中国电信将通过美国 Sprint 公司开通两条 64K 专线（一条在北京，另一条在上海）。中国公用计算机互联网的建设开始启动。1995 年初，其与 Internet 连通，同年 5 月正式对外服务。目前，全国大多数用户都是通过该网进入因特网的。此网络的特点是入网方便。

2. 中科院科技网

中科院科技网也称中关村地区教育与科研示范网络（National Computing & Networking Facility of China，NCFC）。它由世界银行贷款、国家计委、国家科委，中国科学院等配套投资和扶持。项目由中国科学院主持，联合北京大学和清华大学共同实施。

1989 年，NCFC 立项，1994 年 4 月正式启动。1992 年，NCFC 工程的院校网，即中科院院网、清华大学校园网和北京大学校园网全部完成建设；1993 年 12 月，NCFC 主干网工程完工。1994 年 4 月 20 日，NCFC 工程连入 Internet 的 64K 国际专线开通，实现了与 Internet 的全功能连接，整个网络正式运营。从此，我国被国际上正式承认为有 Internet 的国家，此事被我国新闻界评为 1994 年中国十大科技新闻之一，被国家统计公报列为中国年重大科技成就之一。

3. 国家教育和科研网

该网络是为了配合我国各院校更好地进行教育与科研工作，由国家教委主持兴建的一个全国范围的教育科研互联网。此网络于 1994 年开始兴建，同年 10 月开始启动。该项目的目的是建设一个全国性的教育科研基础设施，利用先进实用的计算机技术和网络通信技术，把全国大部分高等学校和中学连接起来，推动这些学校校园网的建设和资源的交流共享。该网络并非商业网，以公益性经营为主，所以采用免费服务或低收费方式经营。

4. 中国金桥信息网

中国金桥信息网是由原电子部志通通信有限公司承建的互联网。1993 年 8 月 27 日，李鹏总理批准使用 300 万美元总理预备金支持启动金桥网前期工程建设。1994 年 6 月 8 日，金桥网前期工程建设全面展开。1994 年底，金桥信息网全面开通。China GBN 是国家授权的 4 个互联网络之一，也是在全国范围内进行 Internet 商业服务的两大互联网络之一。1996 年 8 月，国家计委正式批准金桥一期工程立项，并将金桥一期工程列为"九五"期间国家重大续建工程项目；9 月 6 日，中国金桥信息网连入美国的 256K 专线正式开通，中国金桥信息网宣布开始提供Internet 服务。

伴随着我国计算机网络的主干网的构建完成，Internet 在我国飞速发展。从 1987 年 9 月 20日北京计算机技术研究所的钱天白教授发出第一封 E-mail 开始，标志着 Internet 已经成为中国人生活的一部分，揭开了 Internet 在我国发展的序幕。1997 年 11 月，中国互联网信息中心发布第一次《中国 Internet 发展状况统计报告》，互联网已经开始从少数科学家手中的科研工具走向广大群众。从此以后，中国互联网信息中心定期向世人发布我国互联网的发展情况，广大网民可以通过管理中心网站获取我国互联网发展的最新报告。人们通过各种媒体开始了解到互联网的神奇之处：通过廉价的方式方便地获取自己所需要的信息。

1990 年 10 月，钱天白教授代表中国正式在国际互联网络信息中心的前身 DDNNIC 注册登记了我国的顶级域名 CN，并且从此开通了使用中国顶级域名 CN 的国际电子邮件通信服务。但是，中国的 CN 顶级域名服务器一直放在国外的历史直到 1994 年 5 月 21 日才完全改变。

现在我国正在进行三网合一的试点运行工作。所谓"三网合一"，就是指电信网、广播电视网和计算机通信网的相互渗透、互相兼容，并逐步整合成为统一的信息通信网络。"三网合一"是为了实现网络资源的共享，避免低水平的重复建设，形成适应性广、容易维护、费用低的高速宽带的多媒体基础平台。

三网合一并不意味着电信网、计算机通信网和广播电视网三大网络的物理合一，而主要是指高层业务应用的融合。其表现为技术上趋向一致，网络层上可以实现互连互通，形成无缝覆盖，业务层上互相渗透和交叉，应用层上趋向使用统一的 IP 协议，在经营上互相竞争、互相合作，向用户提供多样化、多媒体化、个性化服务的同一目的逐渐交汇，行业管制和政策方面也逐渐趋向统一。

1.3 计算机网络的功能

随着计算机网络技术的飞速发展，其应用领域越来越广泛，计算机网络的功能也不断地得到拓展，不再仅仅局限于资源共享、数据通信，而是逐渐地渗入社会的各个部门和领域，对社会经济、科技、文化、生活都产生着重要的影响。通过网络系统，人们可以坐在家中预订去往世界各地的飞机票、火车票，预订客房等；通过远程通信可以了解世界各地的证券、股市行情；通过网络信息系统可以对企业生产、销售、财务、固定资产等各方面进行管理等。

计算机网络的应用领域十分广泛，主要有以下几种用途。

1. 数据通信

数据通信功能实现了服务器与工作站、工作站与工作站间的数据传输，是计算机网络的基本功能。它使分散在不同部门、不同单位，甚至不同省份、不同国家的计算机与计算机之间可以进行通信，互相传递数据，方便地进行信息交换。

计算机网络，尤其是广域网，使地理位置相隔遥远的计算机用户可以进行数据通信。典型的例子就是通过 Internet 可以收发电子邮件，或在即时通信软件的支持下，人们可以在线交流、在线学习等，这种通信手段是电话、信件和传真等现有通信方式的补充。

利用计算机网络可以通过电子邮件、即时通信或者网络中的文件服务器交换信息，相互协同工作。随着 Internet 在世界各地的风行，新型形式的网络应用必将给人们的生活带来更多的便利。

2. 资源共享

所谓的资源是指为用户服务的硬件设备、软件、数据等。例如，应用程序和文件、常用计算机外设等都能够成为网络中的每一台授权计算机可使用的资源。

资源共享是整个计算机网络的核心，建立计算机网络的主要目的在于实现"资源共享"，资源共享主要包括程序共享、数据共享、文件共享、设备共享、处理器共享、进程共享等，用户可以在自己的位置上部分或全部地使用网络中的资源。

利用计算机网络，既可以共享大型主机设备，又可以共享其他硬件设备，可以避免重复购置，提高硬件设备的利用率；利用计算机网络，可以共享软件资源，避免软件的重复开发与大型软件的重复购置，进而实现分布处理的目的；共享数据等资源信息可以避免大型数据库的重复设置，以最大限度地降低成本，提高效率。

计算机网络可以将分散在各地的计算机中的数据信息收集起来，进行综合分析处理，并将处理结果反馈给相关的各计算机，使数据信息得到充分的共享，提高网络中各计算机的利用率和工作效能。

资源共享可以最大程度地利用网络上的各种资源，提高资源的利用率，并可以对各资源的忙与闲进行合理调节。当然，网络上的资源共享必须经过授权才能进行。

3. 分布式处理

分布式处理是网络提供的基本功能之一，由于有了计算机网络，许多大型信息处理问题可以借助于分散在网络中的多台计算机协同完成，解决单机无法完成的信息处理任务。分布式处理包括分布式输入、分布式计算和公布式输出。

1）分布式输入

将大量的数据分散在多个计算机上进行输入，以解决数据输入中的"瓶颈"问题。

2）分布式计算

将一些大型的综合性问题，通过一些算法分别交给不同的计算机进行处理，用户根据需要，合理地选择网络中的资源，快速地进行运算。

3）分布式输出

将需要输出的大型任务，选择网络中的空闲输出设备进行输出，提高了设备利用率。

4. 均衡负载，互相协作

网络中的计算机可以互为后备，在工作过程中，一台计算机出现故障时，可以使用网络中的另一台计算机。当网络中某些计算机负荷过重时，网络可以多分配任务给较空闲的计算机去完成。网络中一条通信线路出现故障时，可以使用另一条线路，从而提高了可靠性。

5. 综合信息服务

当今社会是信息化社会，无论个人、单位，每时每刻都在产生并处理大量的信息，这些信息可能是文字、数字、图像、声音或视频，计算机网络能够收集、传送这些信息并对之进行处理，综合信息服务将成为计算机网络的重要的服务功能。

在日常生活中，计算机网络的具体应用主要有以下几个方面。

1）电子邮件

计算机网络作为通信媒介，用户可以在自己的计算机上把电子邮件发送到世界各地，这些邮件中可以包括文字、声音、图像、视频等信息。

2）电子数据交换

电子数据交换是计算机网络在商业领域的一种重要的应用形式，它以共同认可的数据格式，在贸易伙伴的计算机之间传输数据，从而节省了大量的人力、物力和财力。

3）联机会议

利用计算机网络，人们可以通过个人计算机参加会议讨论。

4）网络游戏

通过网络进行娱乐是网络带来的新娱乐方式，网络游戏也是现阶段计算机网络的重要应用之一，它是一种交流的方式，也是一种放松的方式。用户可以在计算机上玩动作游戏、智力游戏。网络游戏拓展了计算机网络的功能，扩大了网络用户群，成为计算机网络普及的重要工具。

5）网络教育

通过网络进行教育正成为现在与将来人们接受教育的重要途径，通过网络进行培训和教学已成为计算机网络的典型应用之一，通过互联网进行学习正逐渐成为人们获取知识的重要途径。

6）即时通信

即时通信是能够即时发送和接收互联网消息的一种业务，是目前互联网最广泛的应用之一。从现在看，即时通信软件已经不仅仅是一个简单的聊天工具，而是集交流、资讯、娱乐、搜索、电子商务、办公协作和企业客户服务等为一体的综合化信息平台。

7）信息浏览

信息浏览是互联网最广泛的应用，在当今社会，网络媒体是最快捷、最迅速的新型媒体，每天通过各种网站不停地发布着数以亿计的信息资源。相比于传统媒体——电视、广播、报纸、杂志等而言，网络媒体有着无可比拟的优势，已经成为人们获取信息、知识的首选媒体。

计算机网络的应用范围非常广泛，目前，它已经渗透到国民经济及人们日常生活的各个方面，并在人们的日常生活中发挥着越来越重要的作用，相信在不久的将来，人类有可能会出现"无网无为"局面。

1.4　计算机网络的分类

为了更好地组建、管理计算机网络，人们常常将其划分为不同类型来讨论，根据不同的研究角度，计算机网络可以有多种分类方式，以下简单介绍常见的分类方式。

1. 根据网络的作用范围进行分类

根据网络的作用范围和计算机之间互连的距离分类，可以将网络划分为广域网、局域网和城域网 3 种类型。

1）局域网

局域网（Local Area Network，LAN）是限定在一定范围内的网络。局域网一般限定在 1～20km 的范围内，由互连的计算机、打印机、网络连接设备和其他短距离间共享硬件、软件资源的设备组成。局域网通常是一幢建筑物内、相邻的几幢建筑物之间或者一个园区的网络，一般由私人组织拥有和管理，如图 1-12 所示。

通常，在学校机房、家庭、办公室、网吧中布设使用的网络都属于局域网。

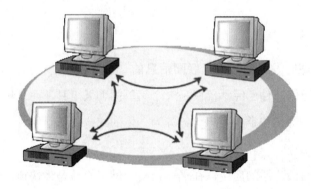

图 1-12　局域网

2）城域网

城域网（Metropolitan Area Network，MAN）与 LAN 相比扩展的距离更长，基本上是一种大型的 LAN，通常使用与 LAN 相似的技术。MAN 使用分布式队列双总线（Distributed Queue Dual Bus，DQDB）协议，即 IEEE 802.6 标准，连接着多个 LAN。MAN 的范围扩大到大约 50km。它可能覆盖一组邻近的公司办公室和一个城市，既可能是私有的，又可能是公用的。MAN 可以支持数据和声音，并可能涉及当地的有线电视网。

为我们提供网络接入服务的服务提供商所管理的位于一个地区的网络部分属于这种

类型。

3）广域网

广域网（Wide Area Network，WAN）也称远程计算机网（Remote Computer Network，RCN），覆盖范围通常为数百千米到数千千米，甚至数万千米，可以是一个地区或一个国家，甚至世界上的几大洲或整个地球，如图 1-13 所示。一个国家或国际间建立的网络都是广域网。在广域网内，用于通信的传输装置与传输介质一般由电信部门或服务提供商提供。

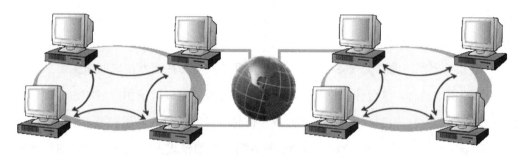

图 1-13　广域网

从图 1-12 可以看出，广域网也是由多个局域网、城域网通过 Internet 连接在一起形成的。最常见的广域网就是我们使用的 Internet。Internet 是当前世界上规模最大的广域网，已经覆盖了包括我国在内的 180 多个国家和地区，连接了数万个网络，终端用户已达数千万，并且以每月 15%的速度增长。此外，很多大企业、院校、研究机构和军事机构也建立了为各自特殊需求服务的广域网络。

2. 按网络的使用范围进行分类

按网络的使用范围进行划分，又可分为公共网和专用网两种类型。

1）公共网

公共网由电信部门组建，一般由政府电信部门管理和控制，网络内的传输和交换装置可提供（如租用）给任何部门和单位使用。

2）专用网

专用网是由某个部门或公司组建的，不允许其他部门或单位使用。专用网也可以租用电信部门的传输线路。例如，军队、铁路、电力、银行等系统均有本系统的专用网络。

3. 按照网络的管理方式分类

按网络的管理方式不同，可以将网络分为对等网和客户机/服务器网络。

1）对等网

对等（Peer to Peer）网通常是由很少的几台计算机组成的工作组。对等网采用分散管理的方式，网络中的每台计算机既可作为客户机又可作为服务器来工作，每个用户都管理自己机器上的资源，所有的主机在网络上都处于一种对等的地位。对等网的优点是管理简单，缺点是可管理性差。早期的很多计算机网络采用了对等网方式，采用对等网方式可以大大节省管理开销，但随着网络规模的扩大，网络应用的不断发展，对等网已逐步为客户机/服务器网络替代。

2）客户机/服务器网络

客户机/服务器网络常称为 C/S 网络，它的管理工作集中在运行特殊网络操作系统与服务器软件的计算机上进行，这台计算机被称为服务器。服务器可以验证用户名和密码的信息，处理客户机的请求，为客户机执行数据处理任务和信息服务。而网络中其余的计算机则不需要进行管理，而是将请求发送给服务器。客户机/服务器网络的模式大大提高了网络的可管理性，为网络提供了更有效和更丰富的应用途径，但由于服务器需要更高性能的硬件、专用的软件和专业的配置、维护人员，因此增加了管理上的开销。

现在使用的网络服务大都基于 C/S 模式，如常常使用的 WWW 服务、电子邮件服务、文件服务、流媒体服务、打印服务等。

随着网络应用的不断普及，人们对服务器的需求变得越来越高，服务器的网络带宽、CPU、内存、磁盘必须比 PC 更快地更新换代，即使这样，也常常无法满足海量的服务请求。服务器的性能常常成为访问网络资源的瓶颈。最近，采用对等方式来提高文件服务与媒体服务网络访问速度的方式在 Internet 上又流行起来。

在连接网络时，数据通信流量分为上行与下行，人们通过上行流量发送请求，通过下行流量获取数据，在 C/S 模式的文件服务和媒体服务中，客户端大量消耗的是下行带宽，上行带宽使用得很少，而服务器端则恰好相反，上行带宽常常无法满足大量的访问请求，造成访问速度下降，甚至无法正常连接。

这种方式的想法是，有效地利用客户机的上行带宽，使每个客户机从服务器获取资源的同时成为一台服务器，为其他客户机提供资源。通过这种方式，可以大大提高网络资源的利用率，增强网络服务的性能。这种方式使用最广泛的是文件服务 BT 下载和流媒体服务 PPPLive。

4. 按照数据传输方式分类

按网络数据传输方式的不同，可以将网络分为点对点网络和广播网络。

1）点对点网络

点对点网络（Point to Point Network）中的计算机或设备通过单独的链路进行数据传输，并且两个节点间可能会存在多条单独的链路，如图 1-14 所示。点对点网络是连接网络最自然的想法，任何两个通信节点都有一条或者多条链路相连，这样的网络在任意节点间通信时，都能找到一条甚至多条物理线路，并且能独占使用通信线路，因此采用点对点的方式，能够获得高速率、高可靠性和稳定的延迟。

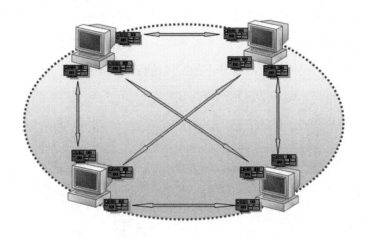

图 1-14　点对点网络

但是，采用点对点网络的缺陷也非常明显，在点对点网络中，如果节点数目较多，则要实现它们之间的互通，必须建立很多条物理连接，对于 4 个节点的网络需要 6 条连接电缆，每个节点也需要 3 个网卡才能实现。对于 n 个节点的网络，需要 n×（n-1）/2 条电缆，这在节点较多的局域网络中是不可想象的。大家可以假设机房中有 50 台主机，不管每个主机是否能够拥有 49 个网络接口，总共 1225 条的网络电缆就足以把机房地面铺满了。

由于点对点网络的特点，这种传播方式主要被应用于对传输速度、延迟要求很高的广域网中。

2）广播网络

广播网络（Broadcasting Network）中的计算机或设备通过一条共享的通信介质进行数据传播，所有节点都会收到其他任何节点发出的数据信息。这种传输方式主要应用于局域网中，广播网络中有 3 种常见传输类型：单播、广播与组播，如图 1-15～图 1-17 所示。

采用广播的主要目的是公用传输介质，好比很多人在一个房间中，某人能同其他所有人交谈，房间中的空气是声音的传输介质，所有人都公用这个介质而不需要在任意两个人之间单独建立一个声音的传输通道，房间的墙壁阻隔了声音的传送，使得外界无法听见房间中的谈话。

这种类似于大声说话的传输方式，称为广播，广播所能覆盖的范围可以认为就是上述的房间，称为广播区域，简称广播域。

单播：指有一个确定接收目的端的广播，只有被指定的接收端会对单播做出响应，其他主机会忽略这个单播。类似于小张在房间里叫了一声："小刘，你好！"，小张指定了这句话唯一的接收对象为小刘，房间里的其他人也能听到这句话，但由于自己不是小刘，因此并不会理会。在进行网络通信时，大部分通信都有确定的接收对象，因此，我们发送的大部分为单播数据包。需要注意的是，在广播网络中，单播实际上被发送到网络的所有节点，只是网络接口设备（如网卡）会判断指定的接收人是否是自己，如果不是，这个包将被丢弃。单播方式造成了一个隐患，如果通过某种手段，能使网卡接收并不是发送给自己的单播，就能轻易窃听到网络中其他主机通过网络发送的信息，这种情况称为网络侦听。

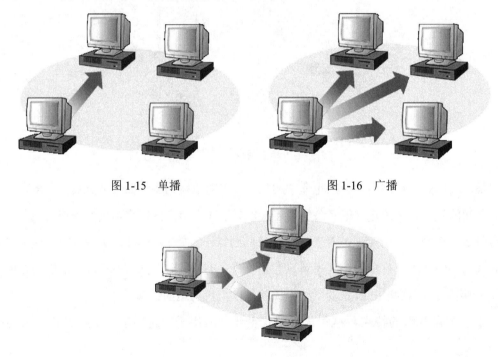

图 1-15 单播   图 1-16 广播

图 1-17 组播

广播：指发送目的为所有主机的广播，网络中的所有主机都是接收对象，广播区域中的所有主机都会接收广播。广播好比在房间里发布一个通知："大家注意，有一个情况……"，房间里所有人都会仔细听通知的内容。广播在网络中常常起着特殊的作用，如最常见的广播 ARP，用来获取目的主机 MAC 地址，是进行后续通信的基础。

组播：也称多播，是比较特殊的一类广播，它指定的接收端既不是一个特定的主机，也不是所有主机，而是一组主机，属于组播指定组的主机会接收组播，其他主机接收到组播包后会将其丢弃。组播更类似于我们在房间里说："XX 部门的各位，请注意……"，房间里属于 XX 部门的人会仔细听，其他人则不理会。组播被广泛应用于视频点播等服务。

广播技术很好地解决了传输介质的共享问题，大大降低了组网的难度和成本，被广泛地应用于局域网技术中，我们使用的以太网技术就是基于广播的技术。

在一个正常运行的局域网中，单播和广播是同时存在的，但广播的数量过多会对网络的性能和正常工作造成很大的影响，而广播过多的原因有很多，例如，一个广播域中的节点太多，或者可以说广播域太大，由于广播域中的任何主机发送的广播会扩散到整个区域，节点数太多会引起广播域中的广播泛滥，影响正常网络通信，这也是我们常常需要分割子网的主要原因。除了这个原因以外，网络的不正常配置，如交换环路、不合理的基于广播的服务配置、病毒或木马感染等都会产生大量的广播，当广播的数量超过网络允许的正常范围时，我们形象地称之为"广播风暴"。

1.5　网络的拓扑结构

18 世纪时，欧洲的哥尼斯堡（今俄罗斯加里宁格勒）是东普鲁士的首都，普莱格尔河横贯其中。在这条河上建有 7 座桥，将河中间的两个岛和河岸连接起来，如图 1-18 所示。人们闲暇时经常在其中散步，有人提出：能不能每座桥都只走一遍，最后又回到原来的位置呢？这个看起来很简单又很有趣的问题吸引了大家，很多人尝试了各种各样的走法，但谁也没有做到。

图 1-18　7 桥问题

1736 年，有人带着这个问题找到了当时的大数学家欧拉，欧拉经过一番思考，很快就用一种独特的方法给出了解答。欧拉先把这个问题简化，他把两座小岛和河的两岸分别看做 4 个点，而把七座桥看做这 4 个点之间的连线，如图 1-18 所示。此时，这个问题就简化成能不能用一笔把这个图形画出来。经过进一步的分析，欧拉得出结论——不可能每座桥都走一遍，最后回到原来的位置。而且，他给出了所有能够一笔画出来的图形应具有的条件。这是拓扑学的"先声"。

1.5.1　网络的物理拓扑

在研究计算机网络组成结构的时候，我们可以采用拓扑学中一种研究与大小形状无关的点、线特性的方法，即抛开网络中的具体设备，把工作站、服务器等网络单元抽象为"节点"，把网络中的电缆等通信介质抽象为"线"。这样，从拓扑学的观点来看，计算机网络就变成了点和线组成的几何图形，人们称它为网络的拓扑结构。

网络中的节点有两类：一类是只转接和交换信息的转接节点，它包括节点交换机、集线器和终端控制器等；另一类是访问节点，它包括主计算机和终端等，它们是信息交换的源节点和目的节点。

网络的拓扑类型较多，基本的拓扑类型有以下 3 种：总线型、星形、环形，如图 1-19 所示。

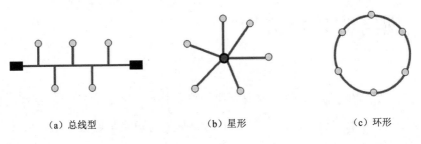

（a）总线型　　　　　　　（b）星形　　　　　　　（c）环形

图 1-19　网络的拓扑结构

1．总线型结构

如图 1-20 所示，总线型网络是将各个节点用一根总线相连起来。总线网络上的数据以电子信号的形式发送给网络中的所有计算机，但只有计算机地址与信号中的目的地址相匹配的计算机才能接收到。由于所有站点共享一条传输链路，在任何时刻，网络中只有一台计算机可以发送信息，其他需要发送信息的计算机只有等待，直到网络空闲时才能发送信息。这就需要有一种访问控制策略来决定下一次哪个站点可以发送，在总线型网络中，通常采取分布式访问控制策略。

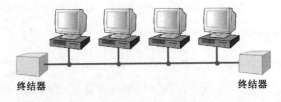

终结器　　　　　　　　　　　　　　　　　　终结器

图 1-20　总线型网络

数据发送时，发送站将报文分成若干组，然后一个一个地依次发送这些分组，网络较忙时，还要与其他站点的分组交替地在介质上传输。当分组经过各个站点时，目的站点将识别分组地址，然后复制这些分组的内容。在这种结构中，总线仅仅是一个传输介质，通信处理分布在各个站点内进行。

总线型网络的主要优点：结构简单灵活，对节点设备的装、卸方便，可扩充性好；连接网络所需的电缆长度短；这种结构的网络节点响应速度快，共享资源能力强，设备投入量少，安装使用方便。因此，总线型网络结构是最传统的，也是目前广泛使用的一种网络结构。

总线型网络的主要缺点：对通信线路（总线）的故障敏感，任何通信线路的故障都会使整个网络不能正常运行；由于共用一个总线，站点间为了协调通信，需要复杂的介质访问控制机制。

为了消除信号反射，在传输介质的两端需要安装终结器，用于吸收传送到电缆端点的信号。在总线型网络中，传输介质的每一个端点都必须连接到某个器件上，任何开放的缆线端口都必须接入终结器以阻止信号的反射。如果网络中的缆线被分成两部分或者缆线的一端没有连接器件，网络会由于断开部分没有终结器而发生信号反射，使其处于失效的状态，数据通信终止。但此时网络中各个站点计算机仍可作为独立计算机进行工作。

2. 星形结构

星形拓扑是由中央节点和与中央节点直接通过各自独立的电缆连接起来的站点组成的，中央节点（交换机或集线器）位于网络的中心，其他站点通过中央节点进行数据通信，如图 1-21 所示。

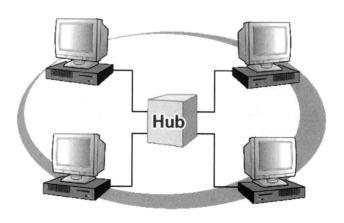

图 1-21　星形网络

星形拓扑采用集中式通信控制策略，所有的通信均由中央节点控制。一个站点需要传送数据时首先向中央节点发出请求，要求与目的站点建立连接；连接建立完成后，该站点才向目的站点发送数据。由于网络上需要进行数据交换的节点比较多,中央节点必须建立和维持许多并行数据通路,这种集中式传输控制使得网络的协调与管理更容易,但也成为一个潜在的影响网络速度的瓶颈。

星形拓扑采用的数据交换方式主要有线路交换和报文交换两种,线路交换更为普遍。现有的数据处理和声音通信的信息网大都采用了这种拓扑结构,一旦建立了通道连接,可以没有延迟地在连通的两个站点之间进行数据交换。

星形拓扑结构主要具有以下优点。

(1)易于故障的诊断与隔离。集线器或交换机位于网络的中央,与各节点通过连接线连接,每条连接线都有相应的指示,故障容易检测和隔离,也可以很方便地将有故障的节点从系统中删除。

(2)易于网络的扩展。无论是添加一个节点还是删除一个节点,在星形拓扑的网络中都是一件非常简单的事情,从中央节点上拔下一个电缆插头或插入一个电缆插头即可。当网络拓展较大时,可以采用增加中央节点的方法,将中央节点进行级联,来拓展计算机网络中节点的数量,延伸网络的距离。

(3)具有较高的可靠性。只要中央节点不发生故障,整个计算机网络就能正常运行,其他节点的故障不会影响整个网络。

但其缺点也很明显,其主要有以下缺点。

(1)过分依赖中央节点。整个网络能否正常运行,在很大程度上取决于中央节点能否正常工作,中央节点的负担很重。

(2)组网费用高。由于网络中的每个节点都需要有自己的电缆连接到中央节点,所以星形网络所使用的电缆很多,中央节点也是额外的负担。

(3)布线比较困难。由于每一个节点都有一条专用的电缆,当计算机数量比较多、分布的位置比较分散时,如何进行网络布线是一个令人头痛的问题。

星形网络是现实生活中应用最广的网络拓扑,一般的学校、单位都采用这种网络拓扑组建计算机网络。常用的物理布局采用星形拓扑的网络有 10Base-T 以太网、100Base-T 以太网等。局域网拓扑常采用星形或星形与其他类型相结合的结构。

3. 环形结构

如图 1-22 所示,环形结构中的各节点是连接在一条首尾相连的闭合环形线路中的。环形网络中的信息传送是单向的,即沿一个方向从一个节点传到另一个节点。由于信息按固定方向单向流动,两个节点之间仅有一条通路,因此系统中无信道选择的问题。在环形网络中,当信息流中的目的地址与环上的某个节点的地址相符时，信息被该节点接收，再根据不同的控制方法决定信息不再继续向下传送或信息继续流向下一个节点，一直流回到发送该信息的节点为止。因此，任何节点的故障均能导致环路不能正常工作。目前已有许多解决这些矛盾的办法，如建立双环结构等。

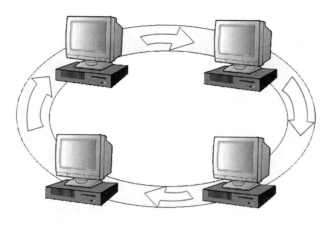

图 1-22　环形网络

环形拓扑结构主要具有以下优点。

（1）数据传输质量高。由于网络中的中继设备对信号的再生放大，信号衰减得极慢，适合远距离传送数据。

（2）可以使用各种介质。环形网是点到点、一个节点一个节点的连接，可以使用各种网络传输介质，包括光纤。

（3）网络实时性好。每两台计算机之间只有一条通道，数据流向上路径选择简化，运行速度高，可以避免数据冲突。

但其缺点也很明显，主要有以下缺点。

（1）网络扩展困难。由于网络是一个封闭的环，需要扩展网络时，站点的配置比较困难，而删除网络中的站点也不容易。

（2）网络可靠性不高。单个节点故障会引起整个网络的瘫痪。

（3）故障诊断困难。由于单个节点故障会引起整个网络的故障，所以出现故障时需要对每个节点进行检测，以确定故障所在，难度较大。

环形网平时使用的比较少，主要用于跨越较大地理范围的网络，环形拓扑更适用于网间网等超大规模的网络。最常见的采用环形拓扑的网络主要有令牌环网、FDDI（光纤分布式数据接口）网络和 CDDI（铜线电缆分布式数据接口）网络。

通常情况下，局域网常采用星形、星形/环形、星形/总线型拓扑结构，而网际互连的拓扑常采用网状结构，如环形或总线型的主干网、分层的星形结构。

此外，网络还有两种拓扑结构：树状拓扑和网状拓扑。

树状拓扑可以看成星形拓扑的扩展，如图 1-23 所示，在树状拓扑结构中，节点按层次进行连接，信息交换主要在上下节点之间进行，相邻及同层节点之间一般不进行数据交换或数据交换量小。树状拓扑网络适用于汇集信息的应用要求。

网状拓扑又称为无规则拓扑。在网状拓扑中，节点之间的连接是任意的，无规律可言，如图 1-24 所示。

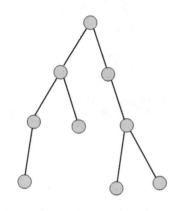
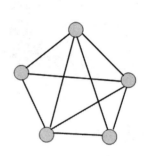

图 1-23　树状拓扑　　　　　　图 1-24　网状拓扑

网状拓扑的主要优点是系统可靠性高，缺点是结构复杂，必须采用路由算法与流量控制方法。

1.5.2　网络的逻辑拓扑

网络的逻辑拓扑结构指信号在网络中的实际传输路径，它所描述的是信号在网络中的流动。当任何一台设备向网上发出信号后，信号在网上有两种传输方式：广播方式与只把信号发送给指定的下一站的设备。前一种方式的逻辑拓扑是逻辑总线，后一种方式的逻辑拓扑是逻辑环。对逻辑总线结构来说，当一台设备向网络上发出信号后，信号像洪水一样"漫延"到网络中的各处，网上的设备都会收到这个信号。若不考虑信号的传输延迟，可以认为所有设备都同时收到该信号。对逻辑环结构来说，当一台设备向网上发出信号时是发送给指定的一台设备的，然后按照一定的顺序一站一站地传下去，最后回到发送站，形成一个封闭环。显然，网上每台设备都只接收指定发给它的信号，它也只把信号发送给指定的下一站的设备。

1.6 计算机网络的组成

从计算机网络中实现的部分功能来看，计算机网络可以分为通信子网和资源子网两部分，通信子网主要负责网络通信，它是网络中实现网络通信功能的设备和软件的集合；资源子网主要负责网络的资源共享，它是网络中实现资源共享的设备和软件的集合。从计算机网络的实际构成来看，网络主要由网络硬件和网络软件两部分组成。

1. 网络硬件

网络硬件包括网络服务器、网络工作站、传输介质及网络连接设备等。网络服务器是网络的核心，为用户提供网络服务，同时提供主要的网络资源。网络工作站实际上就是一台连入网络的计算机，是用户使用网络的窗口。传输介质是网络通信所用的传输线缆。网络连接设备是构成网络的一些部件，网络连接设备有交换机、路由器等。

1）服务器

在网络中提供服务资源并起服务作用的计算机称为服务器。根据服务器提供服务的不同，可以把服务器分为文件服务器、打印服务器、应用系统服务器等。文件服务器用来管理用户的文件资源，它能同时处理多个客户机的访问请求，文件服务器对网络的性能起着非常重要的作用；打印服务器负责处理网络用户打印请求，普通打印机和运行打印服务程序的计算机相连，共享该打印机后这台计算机就称为打印服务器；应用系统服务器是运行客户机/服务器应用程序的服务器端软件、保存大量信息供用户查询的服务器。

2）工作站

连接到网络中的计算机称为工作站。工作站是网络用户最终的操作平台。用户在工作站上通过向文件服务器注册登录，来向文件服务器申请网络服务。

工作站一般不用来管理共享资源，但必要时可以将工作站的外设设置为网络共享设备，从而具有某些服务器的功能。

3）集线设备

集线设备可以使用集线器或交换机，现在使用比较多的是交换机。交换机在网络中起到了数据交换的作用，其拥有一条带宽很高的背部总线和内部交换矩阵，所有的端口都挂接在这条背部总线上，控制电路接收到数据包后，处理端口会查找内存中的地址对照表以确定目的地址挂接在哪个端口上，通过内部交换矩阵迅速地将数据包传送到目的端口，如果目的地址在地址表中不存在，才将数据包发往所有的端口，接收端口响应后，交换机将把它的地址添加到内部地址表中。

4）通信介质

通信介质是用来连接计算机与计算机、计算机与集线器等的媒介。它可以是同轴电缆、双绞线、光缆，也可以是无线介质。使用什么通信介质一般取决于网络资源类型和网络体系结构，例如，同轴电缆常用于总线结构的网络、光缆常用于光纤环网等。

2. 网络软件

网络软件包括网络操作系统、通信软件和通信协议等。计算机只有在操作系统的支持下才能正常运行。操作系统用于管理、调度和控制计算机的各种资源，并为用户提供友好的操作界面。同样，计算机网络也需要一个相应的网络操作系统来支持其运行。网络操作系统也是唯一能跨微型机、小型机和大型机的操作系统。

1）网络操作系统

网络操作系统（Network Operating System，NOS）运行在服务器上，负责处理工作站的请求，控制网络用户可用的服务程序和设备，维持网络的正常运行。现在计算机网络操作系统主要有三大系列：UNIX、Linux 和 Windows。Windows 是由微软公司推出的一种网络操作系统，以其操作方便、使用灵活，占据着服务器市场的一半份额。

2）工作站软件

工作站软件运行在工作站上，处理工作站与网络间的通信，与本地操作系统一起工作，一些任务分配给本地操作系统完成，一些任务交给网络操作系统完成。

3）网络应用软件

网络应用软件是应用软件专门为在网络环境中运行而设计的，网络版应用程序允许多个用户在同一时刻访问、操作、使用，它是网络文件资源共享的基础。

4）网络管理软件

网络管理软件一部分包含在网络操作系统中，但大部分独立于操作系统，需要单独购买。它能监测网络上的活动并收集网络性能数据，并能根据数据提供的信息来微调和改善网络性能。

 小结

　　本章主要介绍了计算机网络的基础知识，主要包括计算机网络的概念、计算机网络的发展、计算机网络的功能与分类、计算机网络的拓扑结构及计算机网络的组成。

　　计算机网络是将地理位置不同但具有独立功能的多个计算机系统，通过通信设备和通信线路连接起来，在功能完善的网络软件（网络协议、网络操作系统、网络应用软件等）的协调下实现网络资源共享的计算机系统的集合。简单来说，计算机网络就是以资源共享为目的、自主互连的计算机系统的集合。

　　计算机网络的发展可以认为经历了 3 个阶段：第一代计算机网络是远程终端连接的网络，第二代计算机网络以远程大规模互连为其主要特点，而 TCP/IP 协议的广泛使用使计算机网络步入了第三代计算机网络。

　　人们构建计算机网络的目的是实现资源共享和数据通信的功能，这两个功能是计算机网络最基本的功能，随着计算机网络的发展，计算机网络的分布式处理、负载均衡相互协作及综合信息服务等功能得到了体现。

　　计算机网络的分类方式有很多种，以网络覆盖的地理范围为分类标准，将计算机网络分为局域网、城域网和广域网 3 类。此外，计算机网络还可以分为专用网和公用网，对等网和客户机/服务器网络，点对点网络和广播网络等。

　　计算机网络家族并不以一种方式出现，从它的结构上可以将其主要分为星形结构、总线型结构、环形结构，在这 3 种基本拓扑类型之外，计算机网络还有树状网络、网状网络和综合型网络等。

　　计算机网络系统与计算机系统相同，由硬件系统和软件系统两大部分组成。硬件系统主要由服务器、客户机、集线设备及通信设备组成，而软件系统则由网络操作系统、网络管理软件、网络应用软件和工作站软件组成。

习　题

一、选择题

　　1. 计算机网络是（　　　）技术和通信技术相结合的产物。

    A．集成电路   B．计算机

    C．人工智能   D．无线通信

2．20 世纪 50 年代后期，出现了具有远程通信功能的（　　　）。

    A．单机系统   B．多机系统

    C．工作站系统   D．微机系统

3．计算机网络最突出的优点是（　　　）。

    A．精度高   B．内存容量大

    C．运算速度快   D．共享资源

4．计算机网络最基本的功能是数据通信和（　　　）。

    A．信息流通   B．即时通信

    C．资源共享   D．降低费用

5．计算机网络中，共享的资源主要是指（　　　）。

    A．主机、程序、通信信道和数据

    B．主机、外设、通信信道和数据

    C．软件、外设和数据

    D．软件、硬件、数据和通信信道

6．用于将有限范围内的各种计算机、终端与外部设备互连起来的网络是（　　　）。

    A．广域网   B．局域网

    C．城域网   D．公共网

7．一旦中心节点出现故障，整个网络就会瘫痪的局域网拓扑结构是（　　　）。

    A．星形结构   B．树形结构

    C．总线型结构   D．环形结构

8．范围从几十千米到几千千米，覆盖一个国家、地区或横跨几个洲的网络是（　　　　）。

    A．广域网   B．局域网

    C．城域网   D．公共网

9．在一所大学中，每个系都有自己的局域网，则连接各个系的校园网是（　　　）。

    A．广域网   B．局域网

    C．城域网   D．这些局域网不能互连

10．目前，实际存在与使用的广域网的拓扑结构基本都是（　　　）。

    A．总线型拓扑   B．环形拓扑

    C．网状拓扑   D．星形拓扑

11．按照计算机网络的（　　　）划分，可以将网络划分为总线型、环形和星形网络。

　　A．地域面积　　　　　　　　　B．通信性能

　·C．拓扑结构　　　　　　　　　D．使用范围

12．在星形结构中，常见的中央节点为（　　　）。

　　A．路由器　　　　　　　　　　B．集线器

　　C．网络适配器　　　　　　　　D．调制解调器

13．下列拓扑结构中，需要终结设备的拓扑结构是（　　　）。

　　A．总线型　　　　　　　　　　B．环形

　　C．星形　　　　　　　　　　　D．树状

14．只允许数据在传输介质中单向流动的拓扑结构是（　　　）。

　　A．总线型　　　　　　　　　　B．环形

　　C．星形　　　　　　　　　　　D．树状

15．把计算机网络划分为局域网和广域网的分类依据是（　　　）。

　　A．网络的地理覆盖范围　　　　B．网络的传输介质

　　C．网络的拓扑结构　　　　　　D．网络的构建成本

16．在计算机网络术语中，WAN 的含义是（　　　）。

　　A．以太网　　　　　　　　　　B．广域网

　　C．互联网　　　　　　　　　　D．局域网

17．网络中所连接的计算机在 10 台左右时，多采用（　　　）。

　　A．对等网　　　　　　　　　　B．基于服务器的网络

　　C．点对点网络　　　　　　　　D．小型 LAN

18．局域网中的网络硬件主要包括网络服务器、工作站、（　　　）和通信介质。

　　A．计算机　　　　　　　　　　B．网卡

　　C．网络集线设备　　　　　　　D．网络协议

19．客户机/服务器模式的英文写法为（　　　）。

　　A．Slave/Master　　　　　　　　B．Guest/Server

　　C．Guest/Administrator　　　　　D．Client/Server

20．下列各项中属于网络操作系统的是（　　　）。

　　A．Linux　　　　　　　　　　　B．Windows XP

　　C．Photoshop　　　　　　　　　D．Office 2010

二、填空题

1．一般的计算机网络包含_____、_____、_____和_____4个元素。

2．将地理位置不同但具有_____多个计算机系统，通过_____和_____连接起来，在功能完善的_____的协调下实现_____的计算机系统的集合，称为计算机网络。

3．在20世纪50年代初期，计算机网络是_____单机系统。

4．1969年12月，Internet的前身——美国的_____投入运行，它标志着现代计算机网络的兴起，这种计算机互连的网络系统是一种_____网。

5．从计算机网络的主要功能来看，计算机网络主要完成了_____和_____两种功能，把计算机网络中实现网络通信功能的其软件的集合称为_____，而把网络中实现资源共享的设备和软件集合称为_____。

6．1989年2月，我国的第一个公用分组交换网_____通过试运行和验收。

7．我国已经建成的四大互联网络分别是_____、_____、_____、_____。

8．1987年9月20日，北京计算机技术研究所的_____教授发出我国第一封E-mail，标志着Internet已经成为中国人生活的一部分，揭开了Internet在我国发展的序幕。

9．把一项大型任务划分成若干部分，分散到网络中的不同计算机上进行处理，这在计算机网络功能中被称为_____。

10．计算机网络最基本的功能有_____和_____。

11．分布式处理包括_____、_____和_____。

12．计算机网络从不同的角度可以有不同的分类方式，按计算机网络覆盖范围分类，可以将网络分为_____、_____和_____3种类型；按照计算机网络的拓扑结构，可以将网络分为_____、_____和_____3种类型。

13．广播网络中有3种常见传输类型：_____、_____和_____。

14．总线型拓扑结构的网络通常采用_____方法扩展网络，采用_____访问控制策略。

15．星形拓扑结构的网络通常采用_____控制策略，所有的通信均通过中央节点控制，数据交换方式主要有_____和_____两种。

16．局域网的主要特点有_____、地理范围有限、_____、易维护等。

17．在网络中提供_____并起_____作用的计算机，称为网络服务器。

18．介于局域网和广域网之间的网络是_____，覆盖范围为几十千米到几百千米。

19．从拓扑结构来看，计算机网络是由_____和_____构成的几何图形。

20．计算机网络系统的硬件系统主要由_____、_____、_____和_____组成。

三、判断题

1．第一代计算机网络是以单机为中心的远程联机系统，最基本的联网设备是前端处理机和终端控制器。　　　　　　　　　　　　　　　　　　　（　　）

2．计算机网络中的共享资源指的是硬件资源。　　　　　　　　　（　　）

3．单独一台计算机不能构成计算机网络，构成计算机网络至少需要两台计算机。

（　　）

4．局域网的覆盖范围较小，一般从几米到几十米。　　　　　　　（　　）

5．局域网的传输速率一般比广域网高，但误码率也较高。　　　　（　　）

6．同一办公室中的计算机互连不能称为计算机网络。　　　　　　（　　）

7．UNIX 和 Linux 都是网络操作系统。　　　　　　　　　　　　（　　）

8．在局域网中，网络软件和网络应用服务程序主要安装在工作站上。　（　　）

9．对等网通常适用于计算机数量较少时组建的网络，所以 220 台计算机不能组建成对等网。

（　　）

10．Windows XP 操作系统不能和 Windows Server 2003 操作系统组建成对等网。

（　　）

四、简答题

1．什么是计算机网络？

2．计算机网络的发展经历了哪几个阶段？

3．简述计算机网络的主要功能。

4．按地理位置来划分，计算机网络可以分为哪几类？

5．计算机网络的主要拓扑结构有哪些？

6．简述星形拓扑结构的特点。

7．什么是对等网？什么是 C/S 网？

8．组成局域网的基本硬件有哪些？

9．局域网主要分为哪几类？

10．组成局域网的软件系统有哪些？

课 前 准 备

通过第 1 章的学习，相信大家对计算机网络有了一定的认识与了解，知道了计算机网络已经给我们的学习、生活、工作带来了巨大的便利。但是现在对计算机网络的了解只是表象的，计算机网络到底是怎样工作的呢？前面所说的通信协议到底是指什么协议呢？连接互联网时，为什么要对计算机进行相应的设置呢？为了更好地了解计算机网络，还是先来看一看生活中的计算机网络到底是什么样子吧！

一、参观准备

1. 分组

根据本地区的实际情况及班级人数，将班级同学分为 2 或 3 个大组（每组 10～12 人）。

2. 确定参观单位

结合本地区的实际情况，选择单位内部网络建设完成的单位作为参观对象。主要以如下几种单位为主：大、中型企业的网络管理中心，组建有校园网络的学校等。

3. 资料查询

在进行调查之前，借助于因特网及其他渠道（如电话号码查询系统、某些广告等），对所要调查的对象有一个初步的认识，了解被调查单位的一些基本情况。

二、参观目的

（1）了解现实中计算机网络建设的实际情况。

（2）建立计算机网络直观印象。

（3）初步了解计算机网络所使用的设备情况。

（4）建立计算机网络服务的概念。

三、时间安排

可以集中半天时间进行参观。

四、参观了解的主要内容

（1）了解单位局域网的组建情况。

（2）初步认识计算机网络的设备。

（3）网络中心与网络分中心的建设。

（4）了解单位内部网络的服务情况。

五、参观总结

结合参观情况，每人撰写参观总结，谈一谈对计算机网络的再认识。

第 2 章

网络协议与 IP 地址

内容导读

三国时期，孙权送给曹操一头大象，曹操十分高兴。大象运到许昌那天，曹操带领文武百官和小儿子曹冲一同去看。曹操对大家说："这头大象真是大，可是到底有多重呢？你们谁有办法称它一称？"于是有人说："只有造一杆很大很大的秤来称。"有人说："这可要造多大的一杆秤呀！再说，大象是活的，也没办法称呀！我看只有把它宰了，切成块儿称。"……这时，从人群里走出一个小孩儿，对曹操说："父亲，我有个方法，可以称大象。"曹冲把办法说了，曹操一听连连叫好，吩咐左右立刻准备称象，然后对大臣们说："走！咱们到河边看称象去！"……

众大臣跟随曹操来到河边。河里停着一只大船，曹冲叫人把象牵到船上，等船身稳定了，在船舷上齐水面的地方，刻了一条线。再叫人把象牵到岸上来，把大大小小的石头一块一块地往船上装，船身一点儿一点儿往下沉。等船身沉到刚才刻的那条线时，曹冲让人停止装石头。大臣们睁大了眼睛，起先还摸不清是怎么回事，看到这里不由得连声称赞："好办法！好办法！"现在大家都明白，只要把船里的石头称一下，把质量加起来，就知道大象有多重了。

就像曹冲称象的故事一样，对于计算机网络这样一个庞然大物，也可以采用这种分而治之的方法来实现其功能。

2.1　网络结构的分层设计

计算机网络系统的功能强、规模庞大，通常采用高度结构化的分层设计方法，将网络划分为一组功能分明、相对独立和宜于操作的层次，依靠各层之间的功能组合提供网络的通信服务，从而减少网络系统设计、修改和更新的复杂性。

2.1.1 网络的层次结构

在现实社会中，我们有时会遇到很多复杂、庞大的问题或任务。如何有效地在短时间内进行处理，通常会将任务分解为一个个小的任务，降低统一处理的难度。这里以图 2-1 所示的日常生活中的邮政系统为例说明任务的分解情况。

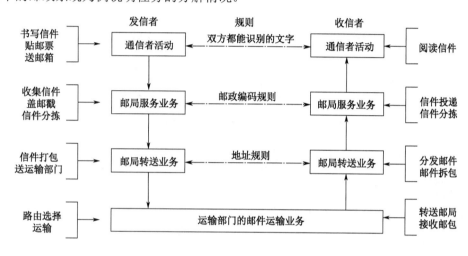

图 2-1 邮政系统模型

从图 2-1 所示的邮政系统模型可以看到，一个人给另一个人寄信的过程是一个很繁杂的过程，但如果把这个过程分为很多层次，把任务分配出去，每个层次只需要负责自己的任务，大家协作就可以按部就班地完成这个任务。

计算机网络是一个涉及通信系统和计算机系统的复杂系统。为了降低系统的设计和实现的难度，把计算机网络要实现的功能进行结构化和模块化的设计，将整体功能分为几个相对独立的子功能层次，各个功能层次间进行有机的连接，下层为其上层提供必要的功能服务。这种层次结构的设计称为网络层次结构模型，如图 2-2 所示。

在网络层次结构模型中，N 层是 $N-1$ 层的用户，同时又是 $N+1$ 层的服务提供者。对 N 层而言，$N+1$ 层用户直接获得了 N 层提供的服务，而 N 层的服务是建立在 $N-1$ 层所提供的服务基础之上的。

一台计算机上的第 N 层与另一台计算机上对应的第 N 层进行对话，通话的规则就是第 N 层协议。实际上，数据并不是从一台计算机上的第 N 层直接传送到另一台计算机上的第 N 层的，而是每一层都把数据和控制信息交给它的下一层，直到最下层，最后由物理层完成实际的数据通信。

网络体系结构中采用层次化结构的优点如下。

（1）各层之间相互独立，高层不必关心低层的实现细节，只要知道低层所提供的服务，以及本层向上层所提供的服务即可，能真正做到各司其职。

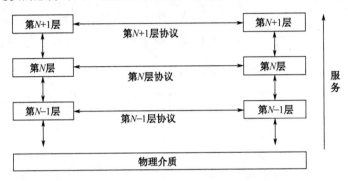

图 2-2　网络分层结构示意图

（2）有利于实现和维护，某个层次实现细节的变化不会对其他层次产生影响。

（3）易于实现标准化。

分层时每一层的功能应非常明确，层数不宜太多，否则会给描述和综合实现各层功能和系统工程任务带来较多的困难；但层数也不能太少，否则会使每一层的协议太过复杂。

2.1.2　网络协议

协议是用来描述进程之间信息交换过程的一组术语。在计算机网络中包含多种计算机系统，它们的硬件和软件系统有着很大的差异，要使它们能够相互通信，进行数据交换，就必须有一套通信管理机制使通信双方能正确地接收信息，并能理解对方的信息含义，它们必须事先约定一个规则，这种规则称为协议。

1. 通信协议

协议是一组规则的集合，是进行交互的双方必须遵守的约定。

在网络体系中，为了保证数据通信双方能正确而自动地进行通信，针对通信过程的各种问题制定了一整套约定，这就是网络系统的通信协议。

网络通信协议主要由 3 个要素组成：语法、语义和交换规则。语法是以二进制形式表示的命令和相应的结构，确定协议元素的格式（规定数据与控制信息的结构和格式）；语义是由发出请求、完成的动作和返回的响应组成的集合，确定协议元素的类型，即规定通信双方要发出何种控制信息、完成何种动作及做出何种应答；交换规则规定事件实现顺序的详细说明，即确定通信状态的变化和过程，如通信双方的应答关系。

下面以日常生活中的甲打电话给乙为例来说明协议的概念。

甲有事情需要与乙联系，打电话给乙，甲先拿起电话拨通乙的电话号码，乙方电话振铃，乙拿起电话，此时通话开始，通话完毕后，双方挂断电话，完成通信联系。在这个过程中，甲方与乙方都遵守了打电话的协议。其中，电话号码就是"语法"的一个例子，一般的电话号码是由若干位的阿拉伯数字组成的；甲拨通乙的电话后，乙的电话就会振铃，振铃是一个信号，表示有电话打进来，乙选择接电话，这一系列的动作包括了控制信号、响应动作等，这就是"语义"；甲拨了电话，乙的电话才会响，乙听到铃声后才会考虑要不要接，这一系列事件的因果关系十分明确，不可能没有人拨乙的电话而乙的电话响了，也不可能在电话铃没响的情况下，乙拿起电话却从话筒中传出甲的声音，这就是"交换规则"。

从上面的例子可以看出协议是使两个不同实体实现通信而制定的一些规范。例如，上例中双方如何建立通话联系、如何交换、何时通信等。

2. 通信协议的特点

（1）具有层次性。由于网络系统体系结构是有层次的，通信协议被分为多个层次，在每个层次内又可以被分成若干子层，协议各层次有高低之分。

在计算机网络术语中，层就是一个或一系列的程序，能为相邻的更高层提供服务，同时使用相邻低层提供的服务。位于最高层的程序为用户提供高级的服务，它要依靠低层为其提供信息和传送消息。

（2）通信协议具有可靠性和有效性。如果通信协议不可靠就会造成通信混乱和中断，只有通信协议有效，才能实现系统内的各种资源共享。

2.2　开放系统互连参考模型

20 世纪 60 年代，网络成为每个计算机厂商提供的一部分。到了 70 年代以后，网络才变得普及起来。每个计算机厂商都有自己的网络模型，网络模型使得该厂商的计算机能够方便地通信。当时世界上最大的两家计算机厂商是国际商业机器公司（International Business Machines，IBM）和数字设备公司（Digital Equipment Corporate，DEC）。IBM 制定了自己的网络模型，称为系统网络体系结构（System Network Architecture，SNA）。DEC 也建立了自己的网络模型，称为 DECnet。两个模型都设计得非常优秀，可以按照它们来搭建和实现网络互连，但是 IBM 的计算机不能和 DEC 的计算机通信。想象一下，如果相同的情况发生在电话上，即如果你和你的朋友打电话，对方使用的是另一家厂商的电话，你俩将无法通话，那是多么有趣的一件事情啊！

2.2.1　OSI 参考模型的层次

OSI 参考模型对于计算机网络的发展有着十分深远的影响，包括 TCP/IP 协议，都从 OSI 模型中吸取了有价值的成分，它提示了组成网络各组件的内在联系，提示了网络运行的根本原理。

OSI 参考模型并不是一个具体的网络，它只给出了一些原则性的说明，规定了开放系统的层次结构和各层所提供的服务。它将整个网络的功能划分为 7 个层次，而且在两个通信实体之间的通信必须遵循这 7 层协议，如图 2-3 所示。

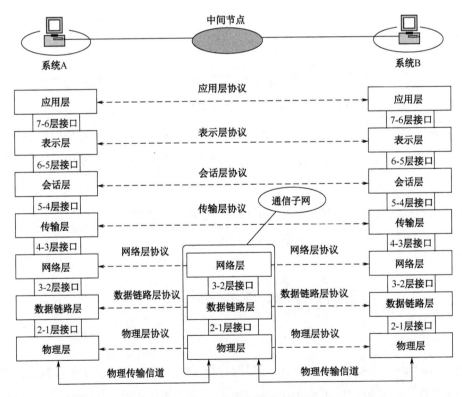

图 2-3　OSI 参考模型示意图

OSI 参考模型从下向上的 7 个层次分别为物理层、数据链路层、网络层、传输层、会话层、表示层和应用层。最高层为应用层，面向用户提供服务；最低层为物理层，连接通信媒体实现数据传输。层与层之间的联系是通过各层之间的接口来进行的，上层通过接口向下层提出服务请求，而下层通过接口向上层提供服务。两个用户计算机通过网络进行通信时，除物理层之外，其余各对等层之间不存在直接的通信关系，而是通过各对等层的协议来进行通信。只有两个物理层之间才通过媒体进行真正的数据通信。在实际应用中，两个通信实体是通过一个通信子网进行通信的，一般来说，通信子网中的节点只涉及低 3 层的结构，如图 2-3 中间三层结构所示。

OSI 参考模型的成功之处在于，它清晰地分开了服务、接口和协议这 3 个容易混淆的概念，服务描述了每一层的功能，接口定义了某层提供的服务和如何被高层访问，而协议是每一层功能的实现方法。

综上所述，可以分析出该模型具有的特点。

（1）每层的对应实体之间都通过各自的协议进行通信。

（2）各个计算机系统都有相同的层次结构。

（3）不同系统的相应层次具有相同的功能。

（4）同一系统的各层次之间通过接口联系。

（5）相邻的两层之间，下层为上层提供服务，上层使用下层提供的服务。

2.2.2　OSI 参考模型各层的基本功能

OSI 参考模型将网络分为 7 个层次，其中第 1～3 层属于通信子网的功能范畴，第 5～7 层属于资源子网的范畴，第 4 层起着衔接上下三层的作用。各层在网络中发挥着各自的作用。

1.　物理层

物理层（Physical Layer）处于 OSI 的最底层，该层主要功能是利用物理传输介质为数据链路层提供物理连接。它按照传输介质的电气机械特性的不同而有不同的格式，传送主要是以 bit 为单位，并将信息按位逐一从一个系统经物理通道送往另一个系统。

2.　数据链路层

数据链路层（Data Link Layer）位于第 2 层，该层主要功能是负责信息传送到目的的字符编码、信件格式、接收和发送过程等，检测和校正在物理层上传输可能发生的错误，其网络产品最多的是网卡。

数据链路层主要解决的问题是，发送方把需要发送的数据分别装在多个数据帧里，然后顺序地发送每一帧，并且处理接收方回送的确认帧。由于物理层只接收和发送比特流，并不考虑比特流的意义和结构，因此数据链路层需要产生和识别帧界，这是通过在帧的头部和尾部附加上特殊的二进制编码来实现的。

3. 网络层

网络层（Network Layer）位于第 3 层，该层主要功能是负责网络内任意两个通信子网间的数据交换，为信息所走的路径提供选择方案。

网络层主要解决的问题是，对主机发来的报文进行检查，并且给予认可，然后把报文转换成报文分组，确定从源到目的地的路径，再把报文分组按照选定的路径发向目的地。

4. 传输层

传输层（Transport Layer）位于第 4 层，该层主要功能是负责接收高层的数据，并将数据分成较小的信息单位传送到网络层，使传输层间无差错地传送。

传输层主要解决的问题是，接收从会话层发出的数据，根据需要把数据划分为许多很小的单元，即报文，传送给网络层。

5. 会话层

会话层（Session Layer）位于第 5 层，该层主要功能是负责不同机器上用户的会话关系。会话层主要解决的问题是，把要求建立会话的用户所提供对话的用户地址转换成相应的传送开始地址，以实现正确地传送连接。事实上，使用会话层的应用程序并不多。这一层很少以独立协议体的形式实现。通常，这一层的功能和应用层的功能结合在一起，用单个协议实现。

6. 表示层

表示层（Presentation Layer）位于第 6 层，该层主要功能是负责对用户进行各种转换服务，处理通过网络传输的信息的表示形式，而不改变它们的内容。表示层主要解决的问题是，用标准编码方式对数据进行编码，对该数据结构进行定义，并管理这些数据，保证了所有应用服务数据交换的安全性。

7. 应用层

应用层（Application Layer）位于第 7 层，是 OSI 的最高层，该层主要功能是负责各用户访问网络的接口,为用户提供在 OSI 环境下的服务。应用层主要解决的问题是,实现网络虚拟终端的功能与实现用户终端功能之间的映射,依照不同应用环境,提供文件传送协议、电子邮件、远程任务录入、图形传送协议、公用电信服务和其他各种通用或专用功能。

在 OSI 参考模型中各层完成各层的功能,各层的功能细化起来比较复杂,但各层的基本功能如图 2-4 所示。

当两台计算机上的应用程序需要进行通信时,应用层软件以标准的格式形成报文之后,应用层将它向下传递给表示层。基于从应用层报文头部接收到的信息,表示层协议完成了需要的动作,将它自己的信息——表示层头部——加到报文中。表示层头部包含了针对目的机器表示层协议的指令。产生的报文再被传送到下面的会话层,它也加上了自己的头部,如此继续。有些协议的实现不但将它们自己的信息放在报文的开始,还放在报文的末端,即尾部。最后,报文到达最低的物理层,物理层真正通过连接的链路将报文传送到目的机器。此时,这一报文带有所有层的头部。物理层将报文放到计算机的输出接口上,报文从此处开始在网络上传输。在这之前,报文只是在计算机的内部一层到一层的传输。当报文被传送到另一台计算机时,它由该计算机的物理层接收,然后顺序地、一层一层地向上传递。每一个层检查它自己那一层的头部,完成所需要的功能,然后删除头部,将报文交给上一层。显然,同一层的协议体从不直接通信。这一交互总是通过下面层协议的工具来协调的,只有不同节点的物理层会进行直接交互。

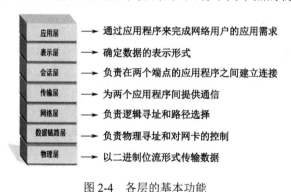

图 2-4 各层的基本功能

2.3 TCP/IP 参考模型

电影《英雄儿女》中有一个这样的片段:一位英勇的解放军战士背着步话机在喊"长江、长江,我是黄河,听到请回答"。长江听到黄河的呼叫后要回答"黄河、黄河,我是长江,请回答"。黄河听到长江的呼叫后又大声回答"长江、长江,我是黄河……"。在这个小情节中,与面向连接的 TCP 协议的 3 次握手非常相似。

2.3.1 TCP/IP 的层次结构

TCP/IP 起源于 20 世纪 70 年代，当时的 ARPA 为了实现异种机异种网之间的互连，大力资助网间网技术的开发与研究，1973 年，斯坦福大学的两名研究人员提出了 TCP/IP 协议。TCP/IP 是一组协议，其中 TCP 和 IP 是两个重要的协议。TCP 是传输控制协议，提供面向连接的服务；IP 是网际互连协议，提供无连接数据报服务和网际路由服务。

TCP/IP 协议把整个网络协议分为 4 个层次：网络接口层、网络互连层、传输层和应用层，它们都建立在硬件基础上。图 2-5 给出了 TCP/IP 的层次结构。

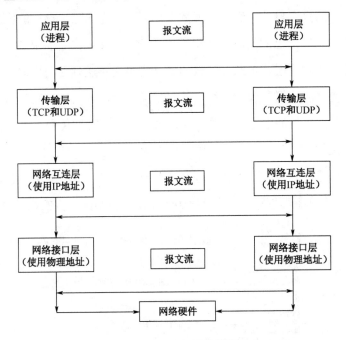

图 2-5　TCP/IP 层次模型

1. 网络接口层

TCP/IP 参考模型的最底层是网络接口层，也被称为网络访问层。在 TCP/IP 参考模型中没有详细定义这一层的功能，只是指出通信主机必须采用某种协议连接到网络上，并且能够传输网络数据分组。具体是哪种协议，在本层没有规定，它包括了能使用 TCP/IP 与物理网络进行通信的协议。实际上，根据主机与网络拓扑结构的不同，局域网基本上采用了 IEEE 802 系列的协议，如 IEEE 802.3 以太网协议、IEEE 802.5 令牌环网协议；广域网常采用的协议有 PPP、帧中继、X.25 等。

2. 网络互连层

网络互连层是在 Internet 标准中正式定义的第 1 层。网络互连层主要功能是负责在互联网上传输数据分组。网络互连层与 OSI 参考模型的网络层相对应，相当于 OSI 参考模型中网络层的数据报服务。

网络互连层是 TCP/IP 参考模型中最重要的一层，它是通信的枢纽，从底层来的数据包要由它来选择继续传给其他网络节点或直接交给传输层，对从传输层来的数据包，要负责按照数据分组的格式填充报头，选择发送路径，并交由相应的线路发送出去。

在网络互连层，主要定义了网络互连协议，即 IP 协议及数据分组的格式。本层还定义了地址解析协议、反向地址解析协议及网际控制报文协议。

3. 传输层

TCP/IP 的传输层也被称为主机至主机层，它主要负责端到端的对等实体之间的通信。它与 OSI 参考模型的传输层功能类似，也对高层屏蔽了底层网络的实现细节，同时它真正实现了源主机到目的主机的端到端的通信。该层使用了两种协议来支持数据的传送，它们是 TCP 协议和 UDP 协议。

TCP 协议是可靠的、面向连接的协议。它用于包交换的计算机通信网络、互连系统及类似的网络上，保证通信主机之间有可靠的字节流传输。

UDP 协议是一种不可靠的、无连接协议。它最大的优点是协议简单、效率较高，额外开销小；缺点是不保证正确的传输，也不排除重复信息的发生。

4. 应用层

在 TCP/IP 参考模型中，应用程序接口是最高层，它与 OSI 参考模型中的高 3 层的任务相同，都用于提供网络服务，如文件传输、远程登录、域名服务和简单网络管理等。目前，互联网上常用的应用层协议主要有以下几种。

（1）简单邮件传输协议：主要负责互联网中电子邮件的传递。

（2）超文本传输协议：提供 Web 服务。

（3）远程登录协议：实现对主机的远程登录功能，常用的电子公告牌系统使用的就是这个协议。

（4）文件传输协议：用于交互式文件传输。

（5）域名解析：实现逻辑地址到域名地址的转换。

2.3.2 TCP/IP 协议簇

TCP/IP 使用协议栈来工作，栈是所有用来在两台机器间完成一个传输的所有协议的几个集合。数据通过栈从一台机器到另一台机器，在此过程中，一个复杂的查错系统会在起始机器和目的机器中执行。栈分成 5 个层，每一层都能从相邻的层中接收或发送数据，每一层都与许多协议相联系。TCP/IP 协议簇的最主要的协议如表 2-1 所示。

表 2-1　TCP/IP 协议簇

层　　次	主　要　协　议
应用层	HTTP、FTP、Telnet、SMTP、DNS、DSP、Gopher、WAIS……
传输层	TCP、UDP、DVP……
网络互连层	IP、ICMP、ARP、RARP、UUCP……
网络接口层	Ethernet、ARPANet、PDN……

1. IP 协议

IP 协议属于 TCP/IP 参考模型的网络互连层，其基本任务是通过互联网传输数据报，提供关于数据应如何传输及传输到何处的信息，各个数据报之间是互相独立的。IP 是一种使 TCP/IP 可用于网络连接的子协议，可以跨越多个局域网段或通过路由器跨越多种类型的网络，在一个网际环境中，连接在一起的单个网络被称为子网，使用子网是 TCP/IP 联网的一个重要部分。

IP 所在的网络互连层通过网络接口层与物理网络接口。在局域网中，网络接口层通常为网络接口设备驱动程序。IP 协议主要负责在网际间进行数据报无连接的传送、数据报寻址和差错控制，向上层提供 IP 数据报和 IP 地址，并以此统一各种网络的差异性（不同的网络其帧结构不同）。

IP 协议借助中间的一个或多个 IP 网关，实现从源网络到目的网络的寻径。源网络为信源机的网络，目的网络为信宿机的网络。当 IP 数据报到达目的网络所连接的网关时，目的网络借助于网络层中的地址解析协议对目的主机进行寻址。

在互联网中，IP 网关是一个十分重要的网际部件，其主要功能为"存储—寻址—转发"。它对传输层及其以上层次的功能并不关心，上层信息只封装在 IP 数据报的数据部分中，与反映 IP 层功能的 IP 数据报的报头部分毫不相干。

在通信子网中，各网关的低 4 层间传输的是基于分组的数据报，从源网关到目的网关中间经过的路径（网关）并不固定。由于网际是动态的（如中间一网关的开关或损坏等），每经过一个中间网关都存在"存储—寻址—转发"等问题。源网关和目的网关间不存在一条固定的连接通道，所以数据报提供的总是"无连接"的服务。按照 TCP/IP 的设计思想，认为数据传输的可靠性问题应由传输层（TCP 协议）来解决，处于 IP 层的各中间网关不处理可靠性问题，网络层的主要责任是尽快地把 IP 数据报从信源机传递到信宿机，IP 数据报在传递途径中可能出错、重复或消失。

2. TCP 协议

TCP 属于 TCP/IP 协议簇中的传输层，是一种面向连接的子协议，在该协议上准备发送数据时，通信节点之间必须建立起一个连接，才能提供可靠的数据传输服务。TCP 协议位于 IP 协议的上层，通过提供校验和、流控制及序列信息弥补 IP 协议可靠性上的缺陷。

TCP 是一种面向连接的协议，在面向连接的环境中，开始传输数据之前，在两个终端之间必须先建立一个连接。建立连接的过程可以确保通信双方在发送数据包之前准备好了传送和接收数据，如图 2-6 所示。通过 3 个步骤（3 次握手），TCP 连接建立，开始传送数据。

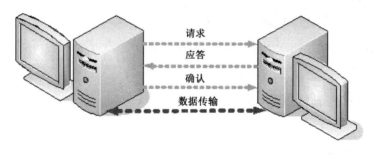

图 2-6　TCP 协议的 3 次握手

处于通信子网和资源子网之间的传输层利用网络层提供的不可靠的、无连接的数据报服务，向上层提供可靠的面向连接的服务。为了提高网络服务的质量，保证高可靠性的数据传输，TCP 必须提供如下功能。

1）提供面向连接的进程通信

进行通信的双方在传输数据之前，首先必须建立连接，数据传输完成之后，任何一方都可以根据自己的情况断开连接。TCP 建立的连接是点到点的全双工连接，在建立连接之后，通信双方可以同时进行数据的传输。

2）提供差错检测和恢复机制

由于 TCP 协议之下的 IP 层只提供了简单的分组服务，所以传输过程中可能出现各种错误情况，如数据包可能因为拥塞或线路故障而丢失，在同一次会话中的不同数据包经过了不同的路由，而使数据包的接收顺序与发送顺序不一致，等等。所以 TCP 要实现差错恢复和排序等功能。

TCP 使用滑动窗口机制来实现差错控制，它对每一个传输的字节进行编号，每个分段中的第一个字节的序号随该分段进行传输，每个 TCP 分段中还带有一个确认号，表示接收方希望接收的下一个字节的序号。在 TCP 传输了一个数据分段后，把该分段的一个备份放入重传队列并启动一个时钟，如果在时钟超过之前得到对该分段的确认，则从队列中删除该分段；如果没有收到确认，则重传该分组。

3）流量控制机制

在 TCP 中通过动态改变滑动窗口的大小，实现流量控制。窗口的大小表示在最近收到的确认号之后允许传送的数据长度，如果窗口大小为 0，则表示当前的接收方没有能力接收其他数据，必须等待新的确认信息改变窗口大小。此外，TCP 还可以检测网络拥塞情况，并且根据它调整数据发送速率。

3. 用户数据报协议

用户数据报协议（User Datagram Protocol，UDP）与 TCP 位于同一层，但它不管数据包的顺序、错误或重发。因此，UDP 不被应用于那些使用虚电路的面向连接的服务，UDP 主要用于那些面向查询-应答的服务，如 NFS。相对于 FTP 或 Telnet，这些服务需要交换的信息量较小。使用 UDP 的服务包括网络时间协议（Network Time Protocol，NTP）和 DNS（DNS 也使用 TCP）。

欺骗 UDP 包比欺骗 TCP 包更容易，因为 UDP 没有建立初始化连接（因为在两个系统间没有虚电路），也就是说，与 UDP 相关的服务面临着更大的危险。

4. 网际控制报文协议

网际控制报文协议（Internet Control Message Protocol，ICMP）与 IP 位于同一层，它被用来传送 IP 的控制信息。它主要用来提供有关通向目的地址的路径信息。ICMP 的 "Redirect" 信息通知主机通向其他系统的更准确的路径，而 "Unreachable" 信息则指出路径有问题。另外，如果路径不可用，则 ICMP 可以使 TCP 连接 "体面地" 终止。ping 是最常用的基于 ICMP 的服务。用 ping 从用户的计算机发送数据包到远程计算机，这些包将返回测试数据到用户的计算机，由此可知网络是否通畅。

5. ARP 和 RARP 协议

地址解析协议（Address Resolution Protocol，ARP）的作用是将 IP 地址映射成物理地址。

在一个消息（或其他数据）发送之前，被打包到 IP 包或适用于 Internet 传输的信息块里，里面包括两台计算机的 IP 地址，在这个包离开发送计算机之前，必须要找到目的的硬件地址，这就是 ARP 最初用到的地方。一个 ARP 请求消息在网上广播，请求由一个进程接收，它回复物理地址。这个回复消息由原先的那台发送广播消息计算机接收，此时传输过程就开始了。ARP会利用一个缓存，将网络或远程计算机的硬件地址保存好，为以后的 ARP 请求做准备。这样可以节省时间和网络资源，但也会引起安全问题。

反向地址转换协议（Reverse Address Resolution Protocol，RARP）就是将局域网中某个主机的物理地址转换为 IP 地址，如局域网中有一台主机只知道物理地址而不知道 IP 地址，那么可以通过 RARP 协议发出征求自身 IP 地址的广播请求，然后由 RARP 服务器负责回答。RARP协议广泛用于获取无盘工作站的网络中。

6．HTTP 协议

超文本传输协议（Hyper Text Transport Protocol，HTTP）是一个通用的、面向对象的协议，在 Internet 上进行信息传输时广泛使用。通过扩展请求命令，可以实现许多任务。HTTP 的允许系统相对独立于数据的传输，包括对该服务器上指定文件的浏览、下载、运行等。HTTP 不断发展，支持的媒体越来越多，使我们可以方便地访问 Internet 上的各种资源。

7．FTP 协议

文件传输协议（File Transfer Protocol，FTP）可以从一个系统向另一个系统传输文件。通过 FTP，用户可以方便地连接到远程服务器上，查看远程服务器上的文件内容，还可以把所需要的内容复制到自己使用的计算机上；如果服务器允许用户对该服务器上的文件进行管理，该用户就可以把自己计算机上的文件传送到文件服务器上，使其他用户共享，还能自由地对上面的文件进行编辑操作，如对文件进行删除、移动、复制、更名等。

8．Telnet 协议

Telnet（远程登录协议）提供了一个相当通用的、双向的、面向八位字节的通信机制，使用基于文本界面的命令连接并控制远程计算机。允许用户把自己的计算机当作远程主机上的一个终端，通过该协议用户可以登录到远程服务器上。Telnet 不仅允许用户登录到一个远程主机，还允许用户在那台计算机上执行命令。用户用 Telnet 登录到远程计算机上后，便可以通过自己本地的计算机来控制和管理远程服务器上的文件及其他资源。

9. SMTP 协议

简单邮件传输协议（Simple Mail Transfer Protocol，SMTP）可以使邮件传输可靠和高效。当用户给 SMTP 服务器发出请求时，一个双向的连接便建立起来，客户发出一个 Mail 指令，指示它想给 Internet 上的某处的一个收件人发邮件。如果 SMTP 允许此操作，则一个肯定的确认信号发回客户机，随后会话开始。客户可以告知收件人的名称和 IP 地址，以及要发送的消息。

10. Gopher 协议

Gopher（一种信息查询系统协议）相当于一个分布式的文件获取系统。文档放在许多服务器上，Gopher 客户软件给客户提供一个层次项和目录，看上去像一个文件系统。Gopher 服务功能相当强大，能提供文本、声音和其他媒体。

众所周知，Internet 是一个庞大的国际性网络，网络上的拥挤和空闲时间总是交替不定的，加上传送的距离也不同，所以传输资料所用时间也会变化。TCP/IP 协议具有自动调整"超时值"的功能，能很好地适应 Internet 上各种各样的变化，确保传输数值的正确性。

因此，从上面所述可以了解到：IP 协议只保证计算机能发送和接收分组资料，而 TCP 协议则可提供一个可靠的、可流控的、全双工的信息流传输服务。

综上所述，虽然 IP 和 TCP 这两个协议的功能不尽相同，也可以分开单独使用，但它们是在同一时期作为一个协议来设计的，并且在功能上是互补的。只有两者结合使用，才能保证 Internet 在复杂的环境下正常运行。

2.3.3 OSI 与 TCP/IP 参考模型的比较

OSI 参考模型与 TCP/IP 参考模型都采用了层次结构，但 OSI 采用的是 7 层模型，而 TCP/IP 采用的是 4 层结构。前者主要是针对广域网的，很少考虑网络互连问题，后者从一开始就注意到网络互连技术，并最终形成了席卷全球的 Internet。

TCP/IP 参考模型的网络接口层实际上没有定义，其功能相当于 OSI 参考模型的物理层与数据链路层，事实上，就是物理网络的物理层与数据链路层。TCP/IP 的网络互连层相当于 OSI 参考模型中网络层中的无连接网络服务。OSI 参考模型与 TCP/IP 参考模型的传输层功能基本相似，都是负责为用户提供真正的端到端的通信服务，对高层进行了屏蔽。

底层网络的实现细节：TCP/IP 参考模型的传输层是建立在网络互连层基础之上的，而网络互连层只提供无连接的服务，所以面向连接的功能完全在 TCP 协议中实现， TCP/IP 的传输层还提供无连接的服务，如 UDP；OSI 参考模型的传输层是建立在网络层基础之上的，网络层既提供面向连接的服务，又提供无连接服务，但传输层只提供面向连接的服务。TCP/IP 参考模型中没有会话层和表示层，事实证明，这两层的功能可以完全包含在应用层中。

2.4 IP 地址

2.4.1 IP 地址的概念和分类

为了在网络环境下实现计算机之间的通信，网络中的任何一台计算机必须有一个地址，而且同一个网络中的地址不允许重复。一般情况下，在网络上任何两台计算机之间进行数据传输时，所传输的数据开头必须包括某些附加信息，这些附加信息中最重要的是发送数据的计算机地址和接收数据的计算机地址。

IP 地址是因特网上为每一台主机分配的由 32 位二进制数组成的唯一标识符，就像我们平常所说的家庭地址或单位地址一样，有了这个地址，其他人才可能找到我们。IP 地址就是每台计算机在网络中的地址，有了这个地址，其他计算机才能与其进行通信。

1. IP 地址

网络通信需要每个参与通信的实体都具有相应的地址，地址一般符合某种编码规则，并用一个字符串来标志一个地址，不同的网络可以具有不同的编址方案，现在网络中广泛使用的是IP 地址。

所谓 IP 地址就是给每一台接入网络的计算机分配的网络地址，这个地址在公网上是唯一的，在单位内部的网络中，每台主机的地址也必须是唯一的，否则会出现地址冲突的现象。目前，IP 地址使用的是 32 位的 IPv4 地址，它是 32 位的无符号二进制数，分为 4 个字节，以×.×.×.×表示，每个×为 8 位，对应的十进制取值为 0～255。

IP 地址由网络地址和主机地址两部分组成，如图 2-7 所示。其中，网络地址用来标识一个物理网络，主机地址用来标识这个网络中的一台主机。

网络地址	主机地址

图 2-7　IP 地址的结构

例如，给出一个用二进制表示的 IP 地址：11001001.00001101.00110010.00000011。

其中，每个字段对应的值分别是 201,13,50,3；

网络标识为 201.13.50；

主机标识为 3。

完整的 IP 地址可用以小数点隔开的十进制表示成 201.15.50.3。

IP 地址的结构使网络的寻址分两步进行，即：路由器先按 IP 地址中的网络地址把网络找到；找到目的网络后，再用 ARP 协议用主机地址找到主机。由于一台主机可能有多个 IP 地址，因此 IP 地址只是标识了一台计算机的某个接口。

2. IP 地址的分类

IP 地址采用 32 位的二进制数来表示，理论上可以支持 2^{32} 台主机，即约 40 亿台主机。为了更好地对这些 IP 地址进行管理，并适应不同的网络需求，根据 IP 地址的网络位所占位数的不同，Internet 地址授权委员会将 IP 地址分为如图 2-8 所示的几类。

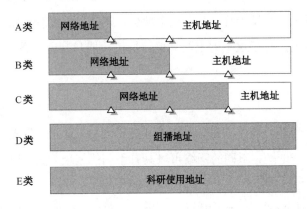

图 2-8　IP 地址的分类

A 类 IP 地址中的第一个 8 位组表示网络地址，其余 3 个 8 位组表示主机地址。A 类地址使每个网络拥有的主机数量非常多。A 类地址的第一个 8 位的第一位总是被置为 0，这也就限制了 A 类地址的第一个 8 位组的值始终小于 127。

B 类 IP 地址中的前两个 8 位组表示网络地址，后两个 8 位组表示主机地址。同时，B 类地址的第一个 8 位的前两位总是被置为 10，所以 B 类地址的第一段的值为 128～191。

C 类 IP 地址中的前 3 个 8 位组表示网络地址，后一个 8 位组表示主机地址。同时，C 类地址的第一个 8 位的前 3 位总是被置为 110，所以 C 类地址的第一段的值为 192～223。

D 类地址用于 IP 网络中的组播，它不像 A、B、C 类地址一样有网络号和主机号，同时，D 类地址的第一个 8 位的前 4 位总是被置为 1110，所以 D 类地址的第一段的值为 224～239。

E 类地址被留做科研实验使用，而其第一个 8 位的前 4 位为 1111，所以 D 类地址的第一段的值为 240～255。

各类 IP 地址与主机号字段的关系如图 2-9 所示。

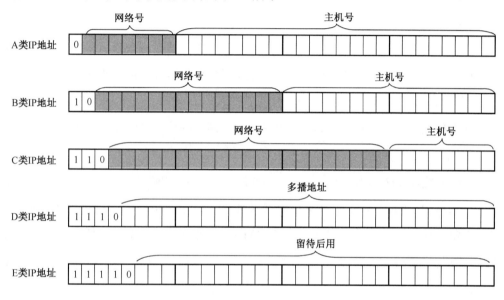

图 2-9　IP 地址的网络号字段和主机号字段

可以看出 A 类地址的结构使每个网络拥有的主机数非常多；而 C 类地址拥有的网络数目很多，每个网络所拥有的主机数却很少。这就说明 A 类地址多为大型网络使用，而 C 类地址支持的是大量的小型网络，如图 2-10 所示。

地址类型	引导位	第一段的值	地址结构	可用网络地址数	可用主机地址数
A 类	0	1～126	网.主.主.主	$126(2^7-1)$	$1677214(2^{24}-2)$
B 类	10	128～191	网.网.主.主	$16384(2^{14})$	$65534(2^{16}-2)$
C 类	110	192～223	网.网.网.主	$2097152(2^{21})$	$254(2^8-2)$
D 类	1110	224～239	组播地址		
E 类	1111	240～255	研究和实验用地址		

图 2-10　每类地址网络数与主机数

3. 特殊的 IP 地址

IP 地址除了可以表示主机的一个物理连接外，还有几种特殊的表现形式，这些特殊的 IP

地址作为保留地址，不能分配给主机使用。

1）网络地址

在互联网中经常需要使用网络地址，那么怎样表示一个网络呢？IP 地址方案中规定网络地址是由一个有效的网络号和一个全"0"的主机号构成的。例如，在 A 类网络中，地址 120.0.0.0 表示该网络的网络地址；在 B 类网络中，地址 180.10.0.0 表示该网络的网络地址；在 C 类网络中，202.80.120.0 表示该网络的网络地址。

2）广播地址

当一个设备向网络上所有的设备发送数据时，就产生了广播。为了使网络上所有设备都能够注意到这样一个广播，广播地址要有别于其他 IP 地址，通常这样的 IP 地址以全"1"结尾。

IP 广播地址有两种形式：直接广播和有限广播。

（1）直接广播：如果广播地址包含一个有效的网络号和一个全"1"的主机号，则称之为直接广播地址。在互联网中，任意一台主机均可以向其他网络进行直接广播。

例如，C 类地址 202.80.120.255 就是一个直接广播地址。网络中的一台主机如果使用该 IP 地址作为数据报的目的 IP 地址，那么这个数据报将同时发送给 202.80.120.0 网络上的所有主机。

（2）有限广播：32 位全为"1"（255.255.255.255）的地址用于本地广播，该地址称为有限广播地址。有限广播将广播限制在最小的范围内，如果采用标准 IP 编址，那么有限广播将被限制在本网络之中，如果采用子网编址，则有限广播将被限制在本子网中。

3）回送地址

A 类网络地址 127.0.0.0 是一个保留地址，用于网络软件测试及本地计算机进程间的通信。这个 IP 地址称为回送地址。无论什么程序，一旦使用回送地址发送数据，协议软件就不进行任何网络传输，立即将之返回。因此，含有网络号 127 的数据报不可能出现在任何网络上。

4）私有 IP 地址

私有 IP 地址是在所有 IP 地址中专门保留的 3 个区域的 IP 地址，这些地址不在公网上分配，专门留给用户组建内部网络使用，也称为专用 IP 地址。这 3 个区域分别属于 A、B 和 C 类地址空间的 3 个地址段，这些地址可以满足任何规模的企业和机构的应用，其地址范围如表 2-2 所示。

表 2-2　私有 IP 地址

地　址　段	主 机 位 数	IP 地址个数
10.0.0.0～10.255.255.255	24 位	2^{24}，约 1700 万个
172.16.0.0～172.31.255.255	20 位	2^{20}，约 100 万个
192.168.0.0～192.168.255.255	16 位	2^{16}，约 6.5 万个

4．IP 地址分配原则

使用 IP 地址必须遵循一些原则，并且有些 IP 地址被用于特殊的 TCP/IP 通信，任何时候都不能使用。

（1）只有 A、B、C 三类地址可以分配给计算机和网络设备。

（2）IP 地址的第一个段不能为 127，保留给测试使用。

（3）网络地址不能全为 0，也不能全为 1。全为 0 表示没有网络，全为 1 表示网络掩码。

（4）主机地址不能全为 0，也不能全为 1。全为 0 代表网络，全为 1 代表主机。

（5）IP 地址在网络中必须唯一。

2.4.2 子网与子网掩码

在互联网中，A 类、B 类和 C 类 IP 地址是经常使用的 IP 地址，经过网络号和主机号的划分，它们能适应不同的网络规模。但仅靠 A、B、C 类网络地址来划分网络会存在许多问题，如 A 类地址和 B 类地址都允许一个网络中包含大量的主机，如表 2-3 所示，但实际上不可能将这么多主机连接到一个单一的网络中，这不仅会降低因特网地址的利用率，还会给网络寻址和管理带来很大的困难。所以，在实际应用中，经常通过在网络中引入子网解决这个问题。

表 2-3 IP 地址的使用范围

网络类型	最大网络数	第一个可用网络号	最后一个可用网络号	每个网络中的最大主机数
A	126	1	126	16777214
B	16382	128.0	191.255	65534
C	2097150	192.0.0	223.255.255	254

1．子网

A 类网络中包含了多于 1600 万个 IP 地址，B 类网络中包含了 65000 多个 IP 地址。单独来看，这些数字已经比较大了。如果将这么多台计算机放在一起来工作，可想而知，这样的网络管理难度有多大。现在含有数百台设备的局域网已经不多见了，而包含上千台设备的单个局域网更少见。如果使用一个 A 类或 B 类的网络来连接一个局域网，那么必将有很多 IP 地址没有使用。在实际工作中，我们可以采用将网络切割成多个小网络的方法来解决这个问题，即人们常说的子网。子网就是将网络内部分成多个部分，对外像任何一个单独网络一样动作。

2．子网掩码

子网掩码又称网络掩码、地址掩码，它用来指明一个 IP 地址的哪些位标识的是主机所在的子网以及哪些位标识的是主机位的掩码。子网掩码不能单独存在，它必须结合 IP 地址一起使用。在 IP 地址中，网络地址和主机地址是通过子网掩码来分开的。每个子网掩码是一个 32 位的二进制数，一般由两部分组成，前一部分使用连续的"1"来标识网络地址，后一部分使用连续的"0"来标识主机地址。

例如，对于一个 IP 地址为 131.110.133.15 的主机，由于处于 B 类网络中，因此在默认情况下，用户应该将此 IP 地址配合使用的子网掩码设置为 11111111　11111111　00000000　00000000，表示网络地址为 16 位，主机地址为 16 位，用十进制数表示就是 255.255.0.0。各类网络的默认子网掩码如下。

A 类：11111111　00000000　00000000　00000000，十进制数表示为 255.0.0.0。

B 类：11111111　11111111　00000000　00000000，十进制数表示为 255.255.0.0。

C 类：11111111　11111111　11111111　00000000，十进制数表示为 255.255.255.0。

子网掩码的主要作用是将网络地址从 IP 地址中剥离出来，求出 IP 地址的网络号。使用 IP 地址与子网掩码进行"与"运算所得出的结果就是网络地址。有了网络号后，可以判断应如何发送数据报。每台主机在数据报发送前，都要通过子网掩码判断是否应将数据报发往路由器。TCP/IP 将目的 IP 与本机子网掩码求与，得出目的主机网络号，将目的主机网络号与本机网络号进行比较，看看是否相等，如果相等，则说明目的主机就在本子网内，应直接将数据报发送给目的主机；如果不等，则说明目的主机不在本网络内，应将数据报发送给路由器。

将 IP 地址和它的子网掩码相结合，就可以判断出 IP 地址中哪些位表示网络和子网，哪些位表示主机。

如给出一个经过子网编址的 B 类 IP 地址 131.110.133.15，我们并不知道在子网划分时到底借用了几位主机号来表示子网，但是当给出了它的子网掩码 255.255.255.0 后，如图 2-11 所示，就可以根据与子网掩码中的"1"相对应的位表示网络的规定，得到该子网划分借用了 8 位来表示子网，并且该 IP 地址所处的子网号为 133。

如果借用该 B 类 IP 地址的 5 位主机号来划分子网，如图 2-12 所示，那么它的子网掩码为 255.255.248.0，IP 地址 131.110.133.15 所处的子网号为 16。

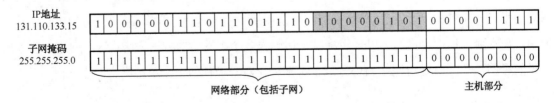

图 2-11　借用 B 类地址的 8 位表示子网

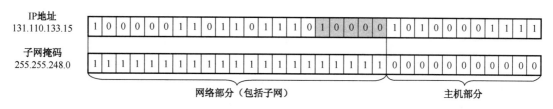

图 2-12 借用 B 类地址的 5 位表示子网

3. 子网设计

设从主机标志部分借用 n 位给子网，剩下 m 位作为主机标志位，那么生成的子网数量为 2^n-2，每个子网具有的主机数量为 2^m-2 台。设计的基本过程如下。

（1）由根据要求的子网数和主机数量公式 2^n-2 推算出 n。n 应是一个最小的接近要求的正整数。

（2）求出相应的子网掩码，即用默认掩码加上从主机标志部分借出的 n 位组成新的掩码。

（3）子网的部分写成二进制，列出所有子网和主机地址，去除全 "0" 和全 "1" 地址。

例 2-1：一个 C 类地址为 192.168.2.0/26，请问该网络可以划分为几个子网？每个子网可容纳多少台主机？

这是一个 C 类网络，正常情况下，主机是 8 位，网络位是 24 位，默认子网掩码全 1 位有 24 位。而本例的子网掩码全 1 位有 26 位，说明网络位从主机位借了 2 位地址用于子网的编址，子网掩码的点分二进制表示法如下。

$$1111\ 1111 . 1111\ 1111 . 1111\ 1111 . 1100\ 0000，即\ 255.255.255.192$$

由于是 C 类地址，所以主机标志位原为 8 位，现从中借出了 2 位，即 $n=2$，那么 $m=8-2=6$。依据上面的分析，可得出可用子网数为 $2^2-2=2$ 个。

每个子网的主机数为 $2^6-2=62$ 台。

说明：现在新的网络设备已经支持全 0 和全 1 子网并有相关协议支撑，但学习时，建议不要去考虑这个问题。因为对于全 0 子网，网络地址和主网络的网络地址是重叠的；对于全 1 子网，广播地址和主网络的广播地址也是重叠的。在设备不支持的情况下，这样的重叠将导致极大的混乱。在很多网络认证考试中，也不支持这样的说法。

例 2-2：一个网络的 IP 地址为 192.168.132.0，网内有 252 台主机。为了管理需要，要将该网络分成 6 个子网，每个子网能容纳 30 台主机。请给出子网掩码和对应的地址空间。

这是一个 C 类网络，正常情况下，主机是 8 位，网络位是 24 位，子网掩码全 1 位有 24 位。本例要求将网络分为 6 个子网，每个子网中能够容纳 30 台主机。

$2^5=32>30$，也就是说主机位只需要有 5 位就可以了。主机位可以借出 3 位给网络位，$2^3-2=6$，正好满足 6 个子网的要求。子网掩码的长度为 24+3=27 位，子网掩码的最后一节就是 1110 0000，该网络的子网掩码为 255.255.255.224。

地址空间的规划如表 2-4 所示。子网部分写成二进制，列出所有子网和主机地址，并去除全"0"和全"1"。

表 2-4   IP 地址规划表

| 子网号 | 主机地址 1 | 主机地址 2 | 主机地址 3 | ... | 主机地址 31 | 主机地址 32 |
	00000	00001	00010	...	11110	11111
000	0	1	2	...	30	31
001	32	33	34	...	62	63
010	64	65	66	...	94	95
011	96	97	98	...	126	127
100	128	129	130	...	158	159
101	160	161	162	...	190	191
110	192	193	194	...	222	223
111	224	225	226	...	254	255

表 2-4 中给出的是子网部分的 IP 地址分配情况，主机地址与子网号交叉的单元即为该子网内的一个 IP 地址的最后一个字节的二进制值。如子网号"010"与主机地址 2 交叉的单元取值为"65"，该 IP 地址为 192.168.132.65。

在上表中，对应每个子网，分别包含 $2^5=32$ 个 IP 地址。子网号为"000"和"111"的两行，主机地址为"00000"和"11111"的两列均需要去除，所以实际可用的子网划分情况如下。

001 子网，对应的地址范围为 192.168.132.33～192.168.132.62。

010 子网，对应的地址范围为 192.168.132.65～192.168.132.94。

011 子网，对应的地址范围为 192.168.132.97～192.168.132.126。

100 子网，对应的地址范围为 192.168.132.129～192.168.132.158。

101 子网，对应的地址范围为 192.168.132.161～192.168.132.190。

110 子网，对应的地址范围为 192.168.132.193～192.168.132.222。

例 2-3： 网络为 172.30.0.0，每个子网需要容纳 700 台主机，子网掩码应如何设置？

这是一个 B 类网络，正常情况下，主机有 16 位，网络位有 16 位，子网掩码全 1 位有 16 位。本例对网络进行分割，每个子网中能够容纳 700 台主机。

因为 $2^9=512<700<1024=2^{10}$，所以 m=10；网络号+子网号=32-10=22；子网掩码长度为 22，网络位向主机位借了 6 位用于网络编址，子网掩码为 1111 1111 . 1111 1111 . 1111 1100 . 0000 0000，即子网掩码为 255.255.252.0。

例 2-4： 网络为 172.19.0.0，子网掩码为 255.255.248.0，请问该网络可以划分为几个子网？

每个子网有多少个有效 IP 地址？

由网络地址可知此网络为 B 类网络，默认子网掩码为 255.255.0.0。现在其子网掩码为 255.255.248.0，将 248 转换为二进制为 1111 1000，可知网络位从主机位借了 5 位用于划分子网，即 $n=5$，$m=16-5=11$。

所以，划分的子网数为 $2^5-2=30$ 个；每个子网有效 IP 地址个数为 $2^{11}-2=2046$。

在实际工作中，可以按照表 2-5 和表 2-6 进行子网的划分及子网掩码的设置。

表 2-5　C 类网络子网划分关系表

子 网 位 数	子 网 掩 码	子 网 数	主 机 数
2	255.255.255.192	2	62
3	255.255.255.224	6	30
4	255.255.255.240	14	14
5	255.255.255.248	30	6
6	255.255.255.252	62	2

如果选择 B 类网络，则可以按照表 2-6 所示的子网位数、子网掩码、可容纳的子网数和主机数的对应关系进行子网规划与划分。

表 2-6　B 类网络子网划分关系表

子 网 位 数	子 网 掩 码	子 网 数	主 机 数
2	255.255.192.0	2	16382
3	255.255.224.0	6	8190
4	255.255.240.0	14	4094
5	255.255.248.0	30	2046
6	255.255.252.0	62	1022
7	255.255.254.0	126	510
8	255.255.255.0	254	254
9	255.255.255.128	510	126
10	255.255.255.192	1022	62
11	255.255.255.224	2046	30
12	255.255.255.240	4094	14
13	255.255.255.248	8190	6
14	255.255.255.252	16382	2

 小结

本章主要介绍了计算机网络体系结构的相关知识与相关协议，重点介绍了开放系统互连参考模型和 TCP/IP 体系结构，以及子网的相关概念。

开放系统互连参考模型将网络从下向上分为 7 个层次，分别为物理层、数据链路层、网络层、传输层、会话层、表示层和应用层。最高层为应用层，面向用户提供服务；最低层为物理层，连接通信媒体实现数据传输。层与层之间的联系是通过各层之间的接口来进行的，上层通过接口向下层提出服务请求，而下层通过接口向上层提供服务。除物理层之外，其余各对等层是通过各对等层的协议来进行通信的。它清晰地分开了服务、接口和协议这 3 个容易混淆的概念，服务描述了每一层的功能，接口定义了某层提供的服务和如何被高层访问，而协议是每一层功能的实现方法。

与开放系统互连参考模型不同，TCP/IP 体系结构把整个网络协议分为 4 个层次，分别是网络接口层、网络互连层、传输层和应用层，各层完成各层的功能。在 TCP/IP 体系结构中，它的核心协议有 TCP 协议和 IP 协议，IP 协议属于 TCP/IP 模型的网络互连层，其基本任务是通过互联网传输数据报。TCP 属于 TCP/IP 协议簇中的传输层，是一种面向连接的协议，位于 IP 协议的上层，通过提供校验和、流控制及序列信息弥补 IP 协议可靠性上的缺陷。

将网络内部分成多个部分，对外像任何一个单独网络一样动作，这些网络称为子网。引入子网的概念可以有效地提高因特网地址的利用率，还会给网络寻址和管理带来很大的方便。

习　题

一、选择题

1. 在网络协议中，涉及数据和控制信息的格式、编码及信号电平等的内容属于网络协议的（　　）要素。

  A．语法　　　　　B．语义　　　　　C．定时　　　　　D．语用

2. OSI 体系结构定义了一个（　　）层的模型。

  A．8　　　　　　B．9　　　　　　C．6　　　　　　D．7

3. 在 OSI 参考模型中，主要功能是在通信子网中实现路由选择的层次是（　　　）。

  A．物理层　　　　B．网络层　　　　C．数据链路层　　　D．传输层

4．在 OSI 参考模型中，主要功能是组织和同步不同主机上各种进程间通信的层次是（　　）。

  A．会话层   B．网络层   C．表示层   D．传输层

5．在 OSI 参考模型中，主要功能是为上层用户提供共同数据或信息语法表示转换，也可以进行数据压缩和加密的层次是（　　）。

  A．会话层   B．网络层   C．表示层   D．传输层

6．在 OSI 参考模型中，把传输的比特流划分为帧的层次是（　　）。

  A．网络层   B．数据链路层   C．传输层   D．表示层

7．在计算机网络中，允许计算机相互通信的语言被称为（　　）。

  A．协议   B．寻址   C．轮询   D．对话

8．在 OSI 参考模型中，提供建立、维护和拆除物理链路所需的机械的、电气的、功能的和规程的特性的层次是（　　）。

  A．网络层   B．数据链路层   C．物理层   D．传输层

9．物理层的基本作用是（　　）。

  A．规定具体的物理设备

  B．规定传输信号的物理媒体

  C．在物理媒体上提供传输信息帧的逻辑链路

  D．在物理媒体上提供传输原始比特流的物理连接

10．数据链路层中的数据块常被称为（　　）。

  A．信息   B．分组   C．比特流   D．帧

11．TCP 通信建立在面向连接的基础上，TCP 连接的建立采用了（　　）次握手的过程。

  A．1   B．2   C．3   D．4

12．C 类 IP 地址最多可以借用（　　）位来创建子网。

  A．4   B．2   C．6   D．8

13．ISO 的中文名称是（　　）。

  A．国际认证   B．国际标准化组织

  C．国际指标   D．国际经济组织

14．在 IP 地址分类中，192.168.0.1 属于（　　）。

  A．A 类   B．B 类   C．C 类   D．D 类

15．以下 IP 地址中可以作为主机 IP 地址的是（　　）。

  A．210.223.198.0   B．220.193.277.81

  C．189.210.255.255   D．109.77.255.255

16．默认情况下子网掩码 255.255.255.0 代表（ ）网络。

  A．A 类   B．B 类   C．C 类   D．D 类

17．下列选项中合法的 IP 地址是（ ）。

  A．210.2.233   B．115.123.20.245

  C．101.3.305.77   D．202.38.64.255

18．Internet 采用的通信协议是（ ）。

  A．FTP   B．SPX/IPX   C．TCP/IP   D．WWW

19．在 TCP/IP 环境中，如果以太网上的站点初始化后，只有自己的物理地址而没有 IP 地址，则可能通过广播请求，征求自己的 IP 地址，负责这一服务的协议是（ ）。

  A．ARP   B．RARP   C．ICMP   D．IP

20．一般来说，TCP/IP 的 IP 提供的服务是（ ）。

  A．传输层服务   B．网络层服务

  C．表示层服务   D．会话层服务

二、填空题

1．在网络层次结构模型中，N 层是 $N-1$ 层的_____，同时是 $N+1$ 层的_____。对 N 层而言，$N+1$ 层用户直接获得了 N 层提供的_____。

2．一台计算机上的第 N 层与另一台计算机上对应的第 N 层进行对话，通话的规则就是_____。

3．在网络体系中，为了保证_____能正确而自动地进行通信，针对通信过程的各种问题，制定了一整套_____，这就是网络系统的通信协议。

4．网络通信协议主要由 3 个要素组成：_____、_____和交换规则。

5．语法是以二进制形式表示的命令和相应的结构，规定_____与_____的结构和格式。

6．开放系统互连参考模型简称为_____，是由_____组织在 20 世纪 80 年代初提出来的。

7．开放系统互连参考模型从下向上的 7 个层次分别为_____、_____、_____、_____、_____、_____和_____。最高层为应用层，面向_____提供服务；最低层为物理层，面向_____实现数据传输。

8．物理层的主要功能有_____、_____和_____。

9．数据链路层的主要功能有_____、_____、_____、_____、_____和

_____。

10．数据链路层中传送的数据块被称为_____。

11．数据链路层协议可以分为_____和_____两大类。

12．网络层又称为_____，主要完成_____、_____、_____和_____等功能。

13．网络层提供的服务主要有_____和_____两大类。

14．会话层是 OSI 的第 5 层，它利用_____层提供的服务，向_____层提供由它增加的服务。

15．TCP/IP 将网络分为_____、_____、_____和_____4 个层次。

16．应用层的主要协议有_____、_____、_____和_____。

17．IP 地址包括_____和_____两部分，可以分为_____类。

18．IP 协议属于 TCP/IP 参考模型的_____层，其基本任务是通过_____传输数据报，提供关于数据应如何传输及传输到何处的信息，各个数据报之间是互相独立的。

19．TCP 属于 TCP/IP 协议簇中的_____，是一种面向_____的子协议，在该协议上准备发送数据时，通信节点之间必须建立起一个_____，才能提供可靠的数据传输服务。

20．地址解析协议是一个网络互连层协议，用于实现_____到_____的转换。

21．IP 地址由_____和_____两部分组成。其中，_____用来标识一个物理网络，_____用来标识这个网络中的一台主机。

22．子网掩码又称网络掩码、地址掩码，它是一种用来指明一个_____的哪些位标识主机所在的_____以及哪些位标识的是_____的掩码。

三、简答题

1．网络体系结构采用层次化的优点是什么？

2．OSI 参考模型和 TCP/IP 参考模型的共同点和不同点是什么？

3．简述 OSI 中网络层的主要功能。

4．什么是子网？使用子网的目的是什么？

5．简述 TCP/IP 参考模型的组成及每一层的功能。

6．一个网络的子网掩码为 255.255.255.248，该网络能够连接多少主机？

7．IP 地址 192.168.9.101 的默认子网掩码是什么？

8．一个 C 类地址为 192.9.200.13，其子网掩码为 255.255.255.240，其中每一个子网上的主机数量最多有多少？

9．IP 地址是如何分类的？

10．简述信息在 OSI 不同层次中的数据单位。

四、应用题

1．占据两个山顶的红军与蓝军与驻扎在这两个山之间的白军作战。其力量对比如下：红军或蓝军单独打不赢白军，但红军和蓝军协同作战可战胜白军。红军拟于次日凌晨 6 点向白军发起攻击，于是给蓝军发送电文，但通信线路很不好，电文出错或丢失的可能性较大，因此要求收到电文的红军必须送回一个确认电文，但确认电文也可能出错或丢失。试问：能否设计出一种协议使得红军能够实现协同作战，因而取得胜利？

2．学生王明希望访问网站 www.sina.com，王明在其浏览器中输入 http://www.sina.com 并按回车，直到新浪的网站首页显示在其浏览器中，请问：在此过程中，按照 TCP/IP 参考模型，从应用层到网络层主要使用了哪些协议？

课前准备

亲爱的同学们，通过两章的学习，大家对计算机网络的认识是不是更清晰了一点呢？我们知道了网络的概念、网络的作用，知道了网络中数据的传输是在各种协议支持下进行的，网络中的计算机还有地址，这个地址比较麻烦。但是计算机网络的构建还需要许多设备，这些设备同学们可能都没有接触过，只是在参观时可能看到了它们安装在机柜中的样子，这些设备的作用是什么呢？市场上哪个品牌的网络设备更受欢迎呢？同学们能不能利用业余时间做一下市场调研呢？

一、调研准备

1. 分组

由于网络连接设备的种类很多，可以由学生自由组合，2 或 3 人分为一组。

2. 确定调查市场

根据本地区的情况，确定一定量的电子市场，主要以如下几种市场为主：电子大卖场、品牌代理商、电子批发市场或系统集成商等。

3. 调查方案

以普通用户身份进行市场调研。

二、调查目的

（1）了解本地区计算机网络设备的使用情况。

（2）了解各网络设备的价格与性能。

（3）了解本地区不同品牌网络设备的市场占有情况。

（4）了解不同网络设备之间的差异。

（5）培养学生获取信息的能力。

三、时间安排

利用学生的业余时间（双休日或下午放学后）进行调研。

四、调查问卷（供参考，只供学生记录使用）

某学校计算机网络专业课程学习社会调查表

调查人：＿＿＿＿＿＿＿＿＿＿＿　　调查时间：＿＿＿＿＿＿＿＿＿＿＿

调查地点：＿＿＿＿＿＿＿＿＿＿　　调查方式：＿＿＿＿＿＿＿＿＿＿＿

一、被调查网络设备基本情况

设备名：＿＿＿＿＿＿＿＿＿＿＿　　主要品牌：＿＿＿＿＿＿＿＿＿＿

二、调查内容（以调研交换机为例，要有准确的数据）

（1）市场上销售的交换机的主要品牌有哪些？

（2）各品牌交换机之间的主要区别是什么？

（3）同型号的交换机价格差异有多大？性价比较好的是哪种型号？

（4）哪个品牌的交换机市场占有率较高？

（5）不同型号的交换机的主要用途是什么？

五、调查资料汇总

各个小组将本组调查的资料和查找到的资料进行汇总，推荐调查的网络设备的品牌与型号，并说明理由。

网络互连技术

内容导读

鲁地多山，孔子生于鲁，长于鲁，从小就和山结缘甚深。青少年时期，孔子很爱登山，随着年龄的增长，登的山越来越高。有一次，他登上了曲阜东面的蒙山，举目一望，顿觉眼界大开，原来天地竟是这般阔大，过去他一直觉得曲阜城外的鲁国已经很大了，如今看来竟是这般小，鲁国之外还有更大的齐国，齐国之外呢？应该还有其他国，那就是人们常说的"天下"了。常识中的"天下"也并不大，真正意义上的天下大无边。真是不登山外山，难见天外天啊。这就是"孔子登东山而小鲁，登泰山而小天下"。三千年前，孔子登泰山而小天下，三千年后的今天，正是网络技术的发展改变了时代的进程，缩短了世界上任何两个目的之间的距离。而计算机网络技术的飞速发展，才有了"地球村"的概念。

3.1　网络互连

在实际的网络应用系统中，已经很少见到某种单一的网络了，互连网的结构已经成为网络的基本结构，网络互连技术是计算机网络发展到一定阶段的必然产物，各种网络产品的出现势必产生一种需求，即如何将它们连接起来，组成更大范围的网络，以达到相互共享资源的目的。

3.1.1　网络互连的概念

将不同的网络使用网络互连设备连接起来，使不同网络上的主机能相互通信、资源共享，在用户看来，这些互连网络的整体好像本来就是一个网络一样，这就称为网络互连。在某些情况下，只要网络互连设备上运行一些特殊软件就可以实现上述功能；而在另外一些情况下，除了要在网络互连设备上运行一些特殊软件外，不同网络的主机上也要运行某些特殊软件，才能达到此目的。显然，究竟要在互连设备上运行何种软件，或者要在各网络主机上运行何种软件，才能使不同网络上的主机实现互操作，这主要取决于不同网络的差异程度，也取决于网络互连的目的。可见，网络互连是需要一定技术的，网络差别越大，将它们连接起来就越不容易，因而需要越复杂的技术。

一些网络连接组成更大的网络，即 Internet，组成网际网的各个网络称为子网。这不是广域网中的通信子网，这两个子网的概念是不同的。用于连接子网的设备称为中间系统（Intermediate System，IS），通过网络互连设备进行通信的计算机称为端系统。中间系统的主要作用是协调各个子网，使得跨越网络的通信得以实现。事实上，中间系统可以是一个单独的设备，甚至是一个网络。在一个大型网络中，进行通信的两个端系统中常常要跨越多个网络互连设备。在一些网络中（如 Internet），一台计算机可能同时具有端系统和中间系统的功能。

从要达到的目的来看，网络互连包含了 3 个不同层次的内容。第一，互连的任意两个网络之间一定要使用一种设备，将两个网络物理地连接起来，为两个网络之间的通信提供物理链路，这称为"互连"；第二，要在互连设备上（或者在互联网络的各主机上）运行某些软件，使得互连的两个网络能进行数据交换，这称为"互通"；第三，要在互连的各网络的主机及互连设备（中间设备）上运行某些高层软件，使得互连的不同网络的任意两台主机之间具有透明地访问对方资源的能力，这称为"互操作"。例如，Internet 的两个互联网络中各有一台 Sun 工作站与一台 VAX 小型机，它们之间可以通过 TCP/IP 协议实现互通，但如果不解决两个操作系统的差异性问题，它们无法透明地相互访问对方的资源。要做到这一点，就需要使用应用网关。可见，互连是基础，互通是手段，互操作才是网络互连的目的。

必须清楚，网络互连技术是在不改变原来网络体系结构的前提下实现的，网络互连设备及其上（或者互连的各网络的主机上）运行的软件，把一些异构型的网络互连成统一的通信系统，实现更大范围内的资源共享。

网络互连是由硬件和软件共同实现的。在用户看来，互连后的各个网络是一个整体，实现互连的硬件和软件屏蔽了网络细节，对用户表现为一个单一的网络。

3.1.2　网络互连的类型

由于计算机网络可以分为局域网、城域网和广域网 3 种类型，因此网络互连的类型可以相应地分为局域网与局域网之间的互连；局域网与广域网之间的互连；两个或两个以上的局域网通过一个广域网互连；广域网与广域网之间的互连。

1. 局城网-局域网互连

这是在实际应用中最常见的一种网络互连。这种互连又可以进一步分为以下两种。

（1）同种局域网互连：要求相连的局域网都执行相同的协议。例如，两个 Ethernet 的互连，两个 Token Ring 网络的互连，都属于同种局域网的互连。这类互连比较简单，一般使用网桥（一种中间设备）就可以将分散在不同地理位置的多个局域网互连起来。

（2）异型局域网的互连：即两种不同协议的共享介质局域网的互连，以及 ATM 局域网与传统共享介质局域网的互连。例如，一个 Ethernet 网络与一个 Token Ring 网络的异构型局域网可以用网桥互连起来。

2. 局域网-广城网互连

这也是目前常见的网络互连方式之一。路由器或网关（也称为协议变换器）是实现局域网-广域网互连的主要设备。

3. 局域网-广域网-局城网互连

两个分布在不同地理位置的局域网通过广域网实现互连，也是目前常用的互连类型之一。局域网主要通过路由器或网关连接到广域网上。局域网-广域网-局域网的结构正在改变传统的主机通过广域网中通信子网的通信控制处理机（或路由器）的接入模式，大量的主机通过局域网来接入广域网是今后主机接入广域网的一种重要方法。

4. 广城网-广域网互连

广域网-广域网互连也是目前常用的网络互连方式之一。广域网-广域网通过路由器或网关互连起来。

3.2　网络传输介质

传输介质是信息传输的物理通道，提供可靠的物理通道是信息能够正确、快速传递的前提。在网络设计时，必须决定使用什么传输介质，传输介质的不同，网络整体性能上会有很大的差异。

3.2.1 双绞线

双绞线是最常见的网络传输介质之一，被广泛应用于电话通信网络和数据通信网络。双绞线的核心是相互绝缘并缠绕在一起的细芯铜导线对，通常由两对或更多对缠绕在一起的导线组成，依靠相互缠绕（双绞）的作用，来消除或减少电磁干扰（Electro Magnetic Interference，EMI）和射频干扰（Radio Frequency Interference，RFI）。

双绞线是一种柔性的通信电缆，因此非常适用于墙内、转角等位置布线。双绞线与适合的网络设备相连，可以实现 100Mb/s 或者更快速度的网络通信。在大多数应用下，双绞线的最大布线长度为 100m，但是按经验，考虑到网络设备和配线架需要额外布线，所以双绞线的布线长度最好限制在 90m 以内。根据是否有屏蔽层，双绞线可分为屏蔽型双绞线（Shielded Twisted-Pair，STP）和非屏蔽型双绞线（Unshielded Twisted-Pair，UTP）。

1. 屏蔽双绞线

屏蔽双绞线是由成对的绝缘实心电缆组成的，在实心电缆上包围着一层用金属丝编织的屏蔽层，如图 3-1 所示。屏蔽层减少了由 RFI 和 EMI 引起的对通信信号的干扰。将一对电线缠绕在一起也有助于减少 RFI 和 EMI，但是在一定程度上不如屏蔽层的效果好。要更有效地减少 RFI 和 EMI，每一对上的交织的距离必须是不同的。为了获得最好的效果，插头和插座必须要屏蔽。如果线材上某点的主要屏蔽层损伤了，信号的畸变就会很严重。STP 中的另一个重要因素是正确接地，以获得可靠的传输信号控制点。在周围有重型电力设备和强干扰源的地方，推荐使用屏蔽双绞线。屏蔽双绞线、屏蔽型插头连同兼容的网络设备比非屏蔽双绞线要昂贵许多。

图 3-1　屏蔽双绞线

2. 非屏蔽双绞线

非屏蔽双绞线也就是平时所用的网线，由于其价格相对便宜且易于安装，是局域网组网布线中使用最多的网络电缆。UTP 由位于绝缘保护层内的成对的电缆线组成，在缠绕在一起的绝缘电线和电缆外部的套之间并没有屏蔽，如图 3-2 所示。与 STP 相仿，UTP 内部的每一根线都与另外一根相缠绕以减少对载有数据的信号的干扰。

1991 年，电子工业协会/电信工业协会（EIA/TIA）联合发布了一个标准 EIA/TIA 568（T568），它的名称是"商用建筑物电信布线标准"。该标准规定了非屏蔽双绞线工业标准。随着局域网上数据传送速率的不断提高，EIA/TIA 在 1995 年将布线标准更新为 EIA/TIA-568A（T568A），此标准规定了 5 个种类的非屏蔽双绞线标准（从 1 类线到 5 类线）。在数据传输网络中，当前最常用的 UTP 是 5 类线（Category 5，CAT5）、超 5 类线（Category 5e，CAT E5）和 6 类线。

图 3-2   非屏蔽双绞线

3. 双绞线的制作

将双绞线两端连接 RJ-45 接口，就成为一条网络连接电缆。制作网络连接电缆是连接网络最基本的工作之一。要制作线缆，首先需要了解一下制作网络连接电缆所需要的材料、工具及线序标准。

1）线缆

制作网络连接电缆，首先要准备 UTP 线材，现在广泛使用的是超 5 类的双绞线。现在市场上销售的普通线材大都采用硬质纸盒包装（工程用线也有无包装的散装线材），外包装上标识了线材的品牌、型号、阻抗、线芯直径等技术参数。通常，一箱线材的长度为 1000 英尺，约合 305m。

在线材上，每隔一定的距离会有一段文字标识，描述线材的一些技术参数，不同生产商的产品标识可能略有不同，但一般应包括以下信息：双绞线的生产商和产品编码、双绞线类型、NEC/UL 防火测试和级别、CSA 防火测试、长度标志、生产日期等。以下用一个实例来介绍双绞线上的标识。

TCL PC101004 TYPE CAT 5e   24AWG/4PRS UTP 75℃ 292M 2009.12.03

- 其中，TCL 为线缆生产厂商标识，此例生产商为 TCL 公司；

- PC101004 为电缆产品型号；

- CAT 5e 表示该双绞线是超 5 类双绞线；

- 24AWG/4PRS 说明双绞线是由 4 线对的 24 AWG 直径的线芯构成的，铜电缆的直径通常用 AWG 单位来衡量，通常 AWG 数值越小，电线直径越大，常见的有 22/24/26 等；

- UTP 表示非屏蔽双绞线；

- 292M 表示当前位置，以米为单位；

- 2009.12.03 为生产日期。

2）RJ-45 接口

RJ-45 接口是当前网络连接中最常见的网络接口，如图 3-3 所示。以与线材接压简单、连接可靠著称。常见的应用场合有：以太网接口、ATM 接口及一些网络设备（如 Cisco）的控制口等。

RJ-45 接口采用透明塑料材料制作，由于其外观晶莹透亮，常被称为"水晶头"。RJ-45 接口具有 8 个铜制引脚，在没有完成压制前，引脚凸出于接口，引脚的下方是悬空的，有两到三个尖锐的突起，如图 3-4 所示。在压制线材时，引脚向下移动，尖锐部分直接穿透双绞线铜芯外的绝缘塑料层与线芯接触，很方便地实现了接口与线材的连通。需要特别注意的是，由于没有压制的 RJ-45 接口，引脚与插座接触部分还处于凸出状态，因此严禁将没有制作的 RJ-45 接口插入 RJ-45 插座，否则会造成接口损坏。

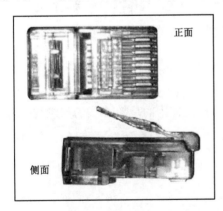

图 3-3　RJ-45 接口

图 3-4　RJ-45 接口引脚

3）压线钳

为了制作网络连接电缆，还要准备几种工具，压线钳是其中之一。压线钳规格型号很多，分别适用于不同类型接口与电缆的连接，通常用 XPYC 的方式来表示（其中 X、Y 为数字），P 表示接口的槽位数量，常见的有 8P、4P 和 6P，分别表示接口有 8 个、4 个和 6 个引脚凹槽；

C 表示接口引脚连接铜片的数量。例如，常用的标准网线接口为 8P8C，表示有 8 个凹槽和 8 个引脚，如图 3-5 所示。常用的电话通信电缆接口为 4P2C，表示有 4 个凹槽和 2 个引脚。在制作电缆前要根据实际情况选择具有合适接口的压线钳。

4）线序标准

双绞线在生产时，8 根铜芯的绝缘塑料层分别涂有不同的颜色，分别是白绿、绿、白橙、橙、白蓝、蓝、白棕、棕。在制作直通缆时，两端都应遵循 EIA/TIA 制定的标准，该标准有两种情况：EIA/TIA 568B（T568B）和 EIA/TIA 568A。

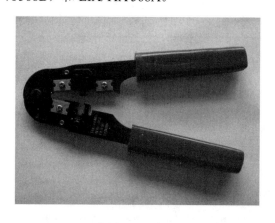

图 3-5　压线钳

EIA/TIA 568B 标准线序由 PIN1 至 PIN8 依次为白橙、橙、白绿、蓝、白蓝、绿、白棕、棕，EIA/TIA568A 标准线序由 PIN1 至 PIN8 依次为白绿、绿、白橙、蓝、白蓝、橙、白棕、棕，如图 3-6 所示。

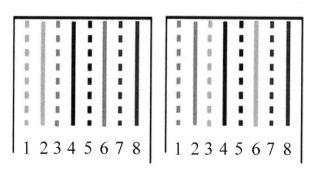

（a）EIA/TIA 568A　　　　　（b）EIA/TIA 568B

图 3-6　线序标准

网络连接电缆可以分为 3 类：直通缆、交叉缆和全反缆。它们分别适用于不同设备接口之间的连接。直通缆两端的线序是一致的，即全部使用 T568A 或 T568B 标准理线；交叉缆两端线序不同，一端使用 T568A 标准，另一端使用 T568B 标准理线；而全反线两端的线序正好完全相反。不同网络电缆的适用场合如表 3-1 所示 。

表 3-1　网络连接电缆适用环境

电缆类别	标准接口线序	适用环境
直通缆	T568B-T568B、 T568A-T568A	计算机-集线器、计算机-交换机、 路由器-集线器、路由器-交换机、 集线器/交换机（Uplink 级联口）-集线器/交换机
交叉缆	T568A-T568B	计算机-计算机、路由器-路由器、 集线器-集线器、交换机-交换机、 集线器-交换机
全反缆	—	Cisco 等网络设备控制口专用

为了记忆简单，我们可以认为计算机与路由器是一类设备，集线器与交换机是一类设备，同类设备相连使用交叉缆，不同设备之间相连使用直通缆，而级联口则是为了连接设备方便，在接口电路内部已经进行了转换，因此。级联口与普通接口相连时，即使是同类设备也使用直通缆。

5）双绞线的制作过程

下面来了解一下网络电缆的制作过程。

① 利用压线钳的剪线刀口剪下所需要的双绞线长度，利用压线钳的剥线刀口将双绞线的外护套除去 2.5cm 左右。

② 小心地拆开每一对线芯，按照规定的线序将拆开的线芯排列起来，要注意排列好的线芯尽可能地不发生缠绕，否则在将线芯插入 RJ-45 接口时容易发生线芯移位而造成线序错误。

③ 将排好线序的线芯拉直，排列整齐，并仔细检查线序是否保持正确。

④ 将整理好的线芯用压线钳剪线口修剪剩余约 14mm 的长度，之所以留下这个长度是为了符合 EIA/TIA 的标准，保证在线芯插入正确位置后，外层护套能被 RJ-45 后端的护套卡口固定住，保证在插拔线材时纤细的内芯不会受力而损坏。

⑤ 将线芯插入 RJ-45 接口，注意此时 RJ-45 接口正面朝上（即接口铜制引脚露出部分应朝上方和外侧），并确定线芯每一根都插入接口最顶端。

⑥ 确定双绞线的每根线芯都已正确放置之后，就可以用压线钳压接了。市场上还有一种接头的保护套，可以防止接头在拉扯时造成接触不良，使用这种保护套时，需要在压接接头之前将这种胶套插在双绞线电缆上。

⑦ 重复以上步骤，制作另一端的 RJ-45 接头，要注意选择的线型对应的线序。

完成线缆制作后，可以采用简易网线测试仪对电缆导通情况和线序情况进行检查，简易网线测试仪分为两个部分：一个部分是主机，上面有对应的网络接口插座；另一部分是终结口，可以从主机上分离开，也提供对应的网络接口插座，如图 3-7 所示。进行测试时，将网络电缆的两端分别插入测试仪的两部分的插座中，打开开关，可以观察两部分上提供的 LED 指示灯的亮灭，在测试过程中，这些指示灯应循环依次闪亮，如果中间有部分指示灯不亮，则表示对应的线芯不导通；如果发生主机、终结侧 LED 指示灯闪亮编号不一致，则表示线序不正确（当然，交叉线应该 1/3、2/6 对换指示）。

图 3-7　简易网线测试仪

3.2.2　无线传输介质

无线传输介质是指采用的物理传输介质不是实体的，而是看不见摸不着的。常见的无线传输介质有红外线、无线电波、微波与光波等。本节将对广泛使用的红外线和无线电波无线传输进行简单的介绍。

1. 红外线传输技术

红外线技术广泛应用在电视机、空调等家用电器的遥控器中，也可以作为网络通信的介质。它通过使用位于红外频率波谱中的锥形或者线形光束来传输数据信号，通信的双方设备都拥有一个收发器，最好具有同步软件，传输速度一般为 4～16Mb/s。

红外通信是一种廉价的无线传输方案，实现简单，被广泛应用于移动设备之上，如便携电脑、个人数字代理、手机设备等大都配置了红外传输接口。红外通信是便携设备之间进行临时性数据交换时经常使用的接口。

红外通信有其非常明显的弊端，首先，红外线是一种视线技术，不能通过不透明的物理（如墙壁），并且易受外界光线干扰；其次，红外通信有效距离很短，一般在几米之内，因此红外技术并不适合作为连接网络的主要方式。

当前，红外技术在计算机系统中的应用集中于外设，如红外的键盘、鼠标等，这是因为相比其他无线技术而言，红外技术更节省能源，采用同样的电池，红外无线鼠标的使用时间是采用射频技术无线鼠标的数倍。

2. 无线电波传输技术

无线电波的频率在 10^4～10^8Hz 之间，含低频、中频、高频、甚高频和特高频，分为管制频段和非管制频段。它很容易产生，传播是全方向的，能从源向任意方向进行传播，很容易穿过建筑物，被广泛地应用于现代通信中。由于它的传输是全方向的，所以发射和接收装置不必在物理上很准确地对准。

无线电波的特性与频率有关。在较低频率上，无线电波能轻易地通过障碍物，但是能量随着与信号源距离的增大而急剧减小；在高频上，无线电波趋于直线传播并受障碍物的阻挡，还会被雨水吸收。在所有频率上，无线电波最易受发动机和其他电子设备的干扰，所以它不是一种好的传输介质。

无线电通信分为单频通信和扩频通信两种。单频通信指信号的载波频率单一，其载波的可用频率范围遍及整个无线电频率，但单频收发器只能在其中的一个频率下工作。扩频通信使用与其他无线电相同的频率范围，但把信号调制在一个很宽的频率范围上。扩频通信中由于信号能量分布在很宽的频率上，在信号能量不变的前提下，信号幅度大大减少，甚至小于噪声的强度，这样用普通的接收机进行接收时只能收到噪声而无法分离出信号，当使用扩频接收机时，它将原来展宽的频谱又重新压缩，使得信号强度恢复，从而从噪声中分离出来。

采用无线电波作为网络传输介质的技术很多，有现在最为流行的无线局域网、GPRS、EDGE等移动通信服务商提供的无线接入网络，还有在便携设备上广为流行的蓝牙技术等。

3. 微波传输

微波系统作为通信手段在我国的使用已经有几十年的历史了。在通信卫星使用前，我国的电视网就是依靠大约每50km一个微波站来一站一站传送的，这样的微波站属于地面微波系统。在通信卫星使用后，电视信号先传送给同步卫星，再由卫星向地面上转发，覆盖了极大的区域，这种系统属于星载微波系统。

微波系统一般工作在较低的兆赫兹频段，地面系统通常为4~6GHz或21~23GHz，星载系统通常为11~14GHz，沿着直线传播，可以集中于一点，微波不能很好地穿过建筑物。微波通过抛物状天线将所有的能量集中于一小束，这样可以获得极高的信噪比，发射天线和接收天线必须精确对准。由于微波是沿着直线传播的，所以每隔一段距离就需要建立一个中继站。中继站的微波塔越高，传输的距离就越远，中继站之间的距离大致与塔高的平方成正比。

地面微波系统在各个微波站之间用抛物面天线进行通信，两微波站在天线之间应该无任何物体阻隔。由于微波系统中各站之间不需要电缆连接，因此在一些特殊的场合具有不可替代性。例如，需要通过一块荒无人烟的沼泽地或在一个夹江相望的峡谷等处埋设电缆时费时费力，有时几乎不可能，日后的维护也是一件比较困难的事情。在这种情况下，微波站是正确的选择，既节约了初始建设费，日后使用和维护也方便很多。

在星载微波系统中，发射站和接收站设置于地面，卫星上放置转发器。地面站首先向卫星发送微波信号，卫星在接收到该信号后，由转发器将其向地面转发，供地面各站接收。星载系统覆盖面积极大，理论上来说，一颗同步卫星可以覆盖地球 1/3 的面积，3 颗同步卫星就可以覆盖全球。用户的地面设备包括一个 0.75～2.4m 直径的抛物面天线、接收机、电缆等。可以将一颗卫星看做一个集线器，将各接收站看做一个节点，这样就形成了一个星形网络。

微波通信相对比较便宜，目前已经被广泛地应用于长途电话、蜂窝电话、电视转播和其他应用中。

3.2.3　光缆

光纤通信是一门新兴的通信技术，发展非常迅速，现已成为大容量通信领域中的主要支柱。光纤通信从完成基础研究到大规模应用只花费了短短的 20 多年的时间，就实现了从短距离、低速率光纤通信到长距离、高速光纤通信的飞跃，现已成为现代通信的基石。

1. 光缆的结构

光导纤维是一种传输光束的细而柔韧的媒介，光导纤维电缆由一捆纤维组成，简称光缆，图 3-8 所示为室内光缆，图 3-9 所示为室外光缆。

　　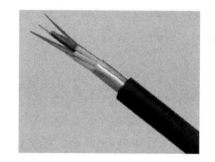

图 3-8　室内光缆　　　　　　　图 3-9　室外光缆

光缆是数据传输中最有效的一种传输介质，光缆中传输数据的是光纤，光纤是一种细小、柔韧并能传输光信号的介质，如图 3-10 所示。其结构上由纤芯、包层和涂覆层组成，纤芯是由许多细如发丝的玻璃纤维组成的，位于光纤的中心，是高度透明的材料；包层的折射率略低于纤芯，从而可以使光电磁波束缚在纤芯内并可长途传输。包层外涂覆一层很薄的环氧树脂或硅橡胶，其作用是保护光纤不受水汽侵蚀，免受机械擦伤，增加柔韧性。

图 3-10　光纤

2. 光纤的种类

根据光在光纤中的传播方式，光纤有两种类型：多模光纤和单模光纤。所谓"模"是指以一定角度进入光纤的一束光。如果光纤导芯的直径小到只有一个光的波长那么大，光纤就成了一种波导管，光线不必经过多次反射式的传播，而是一直向前传播，这种光纤称为单模光纤。只要到达光纤表面的光线入射角大于临界角，便会产生全反射，因此，可以由多条入射角度不同的光线同时在一条光纤中传播，这种光纤称为多模光纤。

1）单模光纤

单模光纤中纤芯很细（纤芯直径一般为 8～10μm），采用激光器做光源，只能允许一束光传播，所以单模光纤没有模分散特性，传输距离可以达到几十千米至上百千米，因而适用于远程通信。单模光纤的传输频带宽、容量大、传输距离长，但因其需要激光源，成本较高，故通常在建筑物之间或地域分散时使用。

2）多模光纤

多模光纤的纤芯较粗（纤芯直径约为 50 或 62.5μm），可传送多种模式的光源。但其模间色散较大，这就限制了传输数字信号的频率，而且随距离的增加会更加严重，因此，多模光纤传输的距离比较近，一般只有几千米。多模光纤多采用发光二极管做光源，整体的传输性能较差，但多模光纤允许多束光在光纤中同时传播，因此成本较低，一般用于建筑物内或地理位置相邻的环境下。

光纤相比其他网络传输介质有着不可比拟的优势。由于光纤通信时传送的是光束而不是电气信号，而光束在光纤中的传输损耗要比传统电信号在传输线路中的损耗低得多，因此，传输距离大大增加了。光纤传输采用的光信号不受电磁干扰的影响，适用于严重电磁干扰的场合。光信号没有电磁感应，不易被窃听，安全性高。光纤体积小，质量轻，便于敷设，耐高温、耐腐蚀，可以适应严酷的工作环境。此外，光纤的主要原材料是二氧化硅，是地球的主要构成物质，而传统的通信介质的主要原材料是稀有金属铜和铝，其资源严重紧缺，从原材料成本上分析，光纤也具有明显的优势。

但光纤也存在缺点：由于线芯极细，光纤一旦发生断裂，接合难度极大，即便接合成功，衰减也远远超过正常的线路。此外，光纤虽然原材料成本低廉，但加工工艺要求高，生产成本居高不下，而使市面上光纤价格过高。

当前，光纤在长距离信息传输线路中得到了广泛的应用。随着光纤价格的下降，光纤的应用范围也越来越广，如医疗、视听娱乐等场合，随着光纤生产技术的成熟，光纤的价格会越来越低，终将替代铜线成为主要的有线传输介质。

3.3　网络互连设备

2001 年 9 月 11 日，美国当地时间 8:45，波音 767 撞毁在世贸中心北楼，大楼随后坍塌；9:03，波音 B-767 撞毁在世贸中心南楼，大楼随后坍塌；9:45，波音 757 撞向五角大楼一角；10:20，波音 B-757 高速坠毁在宾夕法尼亚乡间。这就是著名的"911"恐怖事件，美国的 CNN 最先向全世界报道了此消息。随后各大网络媒体通过网络向全世界报道了"911"事件。事件发生的短时间内，几乎全世界的人都知道了美国受到了恐怖袭击。在这一事件报道中，各种各样的网络连接设备发挥着巨大的作用，因为全世界的因特网都是通过不同的网络设备连接起来实现通信的。

3.3.1　路由器

路由器英文名称为 Router，是连接不同子网的网络设备。路由器在相邻路由器节点之间进行路径选择，通过最佳的路径来传送数据包。路由器能隔离广播，阻止广播风暴。路由器工作在 OSI 参考模型的网络层，因此可以连接物理层和数据链路层结构不同的网络。路由器工作时通过对网络层地址（如 TCP/IP 网络中的 IP 地址）的识别进行路径选择，能够在存在着多个链路连接的复杂网络中动态选择到达目的地的可靠路径，平衡通过各路由的通信负载。路由器还能通过对网络、地址、协议甚至端口号的识别对出、入路由器的数据包进行筛选，实现对网络的保护。图 3-11 所示为 Cisco 模块化路由器。

1. 路由器的功能

路由器最主要的功能是路径选择。对于路径选择问题来说，路由器是在支持网络层寻址的网络协议及其结构上进行的，其工作就是保证把一个进行网络寻址的报文传送到正确的目的网络中。完成这项工作需要路由信息协议（简称路由协议）支持。

图 3-11　Cisco 7200 系列路由器

路由协议主要的目的就是在路由器之间保证网络连接。每个路由器通过收集到的其他路由器的信息，建立起自己的路由表以决定如何把其所控制的本地系统的通信报表传送到网络中的其他位置。

路由器的功能还包括过滤、存储转发、流量管理、媒体转换等，其基本功能如下。

1）连接功能

路由器能支持单段局域网间的通信，并可提供不同网络类型（如局域网或广域网）、不同速率的链路或子网接口，如在连接广域网时，可提供 X.25、FDDI、帧中继、SMDS 和 ATM 等接口。另外，通过路由器，可以在不同的网段之间定义网络的逻辑边界，从而将网络分成各自独立的广播网域。路由器也可用来做流量隔离以实现故障的诊断，并将网络中潜在的问题限定在某一局部，避免扩散到整个网络。

2）网络地址判断、最佳路由选择和数据处理功能

路由器为网络层协议建立并维护路由表。路由表可以由人工静态配置，也可利用距离向量或链路状态路由协议来动态产生。在路由表生成之后，路由器要判别每帧的协议类型，取出网络层的目的地址，并按指定协议路由表中的数据决定数据的转发与否。

路由器还可根据链路速率、传输开销、延迟和链路拥塞情况等参数，来确定最佳的数据包转发路由。

在数据处理方面，其加密和优先级等处理功能可有效地利用宽带网的带宽资源；其数据过

滤功能可限定对特定数据的转发、发现不支持的协议数据包、以未知网络为信宿的数据包和广播信息等，从而起到了防火墙的作用，避免了广播风暴的出现。但由于路由器需依靠多帧操作，增加了传输延时，与相对简单的网桥相比，数据传输的实时性方面的性能要差一些。

3）设备管理功能

由于路由器工作在 OSI 参考模型的第 3 层，因此可以了解更多的高层信息，路由器可以通过软件协议本身的流量控制参量来控制转发的数据的流量，以解决拥塞问题；还可以支持网络配置管理、容错管理和性能管理。

除此之外，路由器还可支持复杂的网络拓扑结构。路由器对网络拓扑结构可不加限制，甚至对冗余路径和活动环路拓扑结构也不加限制。而路由器能够执行相等开销路径上的负载平衡操作，以便最佳地利用有效信道。

2. 路由器的主要性能指标

1）全双工线速转发能力

路由器最基本且最重要的功能是数据包转发。在同样端口速率下转发最小包是对路由器包转发能力的最大考验。全双工线速转发能力是指以最小包长（以太网 64 字节、POS 口 40 字节）和最小包间隔（符合协议规定）在路由器端口上双向传输的同时不引起丢包。该指标是路由器性能的重要指标。

2）设备吞吐量

设备吞吐量指设备整机包转发能力，是设备性能的重要指标。路由器的工作原理是根据 IP 包头或者 MPLS 标记选路，所以性能指标是每秒转发包数量。设备吞吐量通常小于路由器所有端口吞吐量之和。

3）端口吞吐量

端口吞吐量是指端口转发包能力，通常使用 pps 来衡量，它是路由器在某端口上的包转发能力。通常采用两个相同速率接口进行测试，但是测试接口可能与接口位置及关系相关。例如，同一插卡上端口间测试的吞吐量可能与不同插卡上端口间吞吐量值不同。

4）路由表能力

路由器通常依靠所建立及维护的路由表来决定如何转发。路由表能力是指路由表内所容纳路由表项数量的极限。由于 Internet 上执行 BGP 协议的路由器通常拥有数十万条路由表项，所以该项目也是路由器能力的重要体现。

5）背板能力

背板能力是路由器的内部实现。背板能力能够体现在路由器吞吐量上，背板能力通常大于依据吞吐量和测试包所计算的值。但是背板能力只能在设计中体现，一般无法测试。

6）丢包率

丢包率是指测试中所丢失数据包数量占发送数据包的比例，通常在吞吐量范围内测试。丢包率与数据包长度及包发送频率相关。在某些环境下可以加上路由抖动、大量路由后测试。

7）时延

时延是指数据包第一个比特进入路由器到最后一个比特从路由器输出的时间间隔。在测试中，时延通常指测试仪表发出测试包到收到数据包的时间间隔。时延与数据包长相关，通常在路由器端口吞吐量范围内测试，超过吞吐量测试时该指标没有意义。

8）虚拟专用网络支持能力

通常，路由器都能支持虚拟专用网络（Virtual Private Network，VPN）。其性能差别一般体现在所支持的 VPN 数量上。专用路由器一般支持 VPN 数量较多。

3. 路由器的端口

路由器具有非常强大的网络连接和路由功能，它可以与各种各样的不同网络进行物理连接，这就决定了路由器的端口技术非常复杂，越是高档的路由器其端口种类就越多。路由器既可以对不同局域网段进行连接，又要可以对不同类型的广域网络进行连接，所以路由器的端口类型一般可以分为局域网端口和广域网端口两种。

1）局域网端口

路由器局域网端口有多种，如 AUI 端口、BNC 端口、RJ-45 端口、FDDI 端口、ATM 端口和光纤端口，现在主要使用的是 RJ-45 端口和光纤端口。

① RJ-45 端口：RJ-45 端口是最常见的端口，它是常见的双绞线以太网端口，这里不再做介绍。

② 光纤端口：光纤端口有 ST 和 SC 两种类型，在路由器中主要使用 SC 端口。

SC 端口用于与光纤的连接，一般来说，这种光纤端口不太可能直接用光纤连接至工作站，一般通过光纤连接到快速以太网或千兆以太网等具有光纤端口的交换机上。这种端口一般在高档路由器上才具有，如图 3-12 所示。

2）广域网端口

路由器不仅能实现局域网之间的连接，还能实现局域网与广域网、广域网与广域网之间的互连。但因为广域网规模大，网络环境复杂，所以要求路由器用于连接广域网的端口的速率非常高，在以太网中一般要求在 100Mb/s 以上。

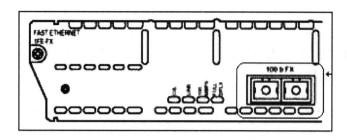

图 3-12　SC 端口

① RJ-45 端口：利用 RJ-45 端口可以建立广域网与局域网的 VLAN 之间，以及与远程网络或 Internet 的连接。当使用路由器为不同 VLAN 提供路由时，可以直接利用双绞线连接至不同的 VLAN 端口。

② 高速同步串口：在路由器的广域网连接中，应用最多的端口是高速同步串口，这种端口主要用于连接目前应用非常广泛的 DDN、帧中继、X.25、PSTN（模拟电话线路）等网络连接模式。企业网之间有时也通过 DDN 或 X.25 等广域网连接技术进行专线连接。这种同步端口一般要求速率非常高，因为通常通过这种端口连接的网络的两端都要求实时同步。图 3-13 所示为高速同步串口。

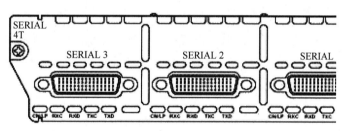

图 3-13　高速同步串口

③ 异步串口：异步串口主要应用于 Modem 或 Modem 池的连接，用于实现远程计算机通过公用电话网拨入网络。这种异步端口相对于上面介绍的同步端口来说在速率上要求宽松许多，因为它并不要求网络的两端保持实时同步，只要求能连续即可。图 3-14 所示为异步串口。

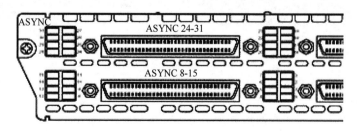

图 3-14　异步串口

④ ISDN BRI：因 ISDN 这种互联网接入方式连接速度上有其独特之处，所以在 ISDN 刚

兴起时，它在互联网的连接方式上得到了充分应用。ISDN BRI（基本速率接口）用于 ISDN 线路通过路由器实现与 Internet 或其他远程网络的连接，可实现 128kb/s 的通信速率。ISDN 有两种速率连接端口，一种是 ISDN BRI，另一种是 ISDN PRI（基群速率接口），ISDN BRI 端口采用了 RJ-45 标准，与 ISDN NT1 的连接使用 RJ-43-to-RJ-45 直通线。图 3-15 所示为 ISDN BRI 端口。

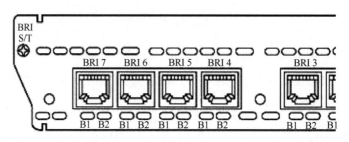

图 3-15　ISDN BRI

3.3.2　交换机

交换机又称为网络开关，是专门设计的、使计算机能够相互高速通信的、独享带宽的网络设备，常见的交换机外形如图 3-16 所示。它拥有一条带宽很高的背部总线和内部交换矩阵，所有端口都挂接在这条背部总线上，控制电路接收到数据包后，处理端口会查找内存中的地址对照表以确定目的地址挂接在哪个端口上，通过内部交换矩阵迅速地将数据包传送到目的端口，如果目的地址在地址表中不存在，才将数据包发往所有端口，接收端口回应后，交换机将把它的地址添加到内部地址表中。

图 3-16　常见交换机外形

1. 交换机的接口类型

1）RJ-45 接口

这种接口是现在最常见的网络设备接口，属于双绞线以太网接口类型，如图 3-17 所示。

RJ-45 插头只能沿固定方向插入，设有一个塑料弹片与 RJ-45 插槽，以防止其脱落。

图 3-17 交换机的 RJ-45 接口

这种接口在 10Base-T 以太网、100Base-TX 以太网、1000Base-TX 以太网中都可以使用，传输介质都是双绞线，但根据带宽的不同对介质也有不同的要求，特别是用于 1000Base-TX 以太网连接时，至少要使用超 5 类线，若要保证稳定高速，则应使用 6 类线。

2）FDDI

FDDI 是目前成熟的 LAN 技术中传输速率最高的一种，具有定时令牌协议的特性，支持多种拓扑结构，传输媒体为光纤。

FDDI 是由美国国家标准化组织制定的、在光缆上发送数字信号的一组协议。FDDI 使用双环令牌，传输速率可以达到 100Mb/s。

FDDI-2 是 FDDI 的扩展协议，支持话音、视频及数据传输，是 FDDI 的另一个变种，称为 FDDI 全双工技术（FFDT），它采用与 FDDI 相同的网络结构，但传输速率可以达到 200Mb/s。

由于使用光纤作为传输媒体具有容量大、传输距离长、抗干扰能力强等多种优点，常用于城域网、校园环境的主干网、多建筑物网络分布的环境，因此 FDDI 接口在网络骨干交换机上比较常见。随着千兆的普及，一些高端的千兆交换机上也开始使用这种接口，如图 3-18 所示。

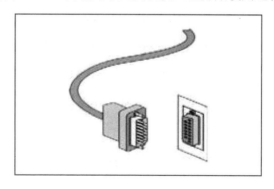

图 3-18 FDDI

3）SC 接口

光纤接口类型很多，SC 接口主要用于局域网交换环境，在一些高性能千兆交换机和路由器上都提供了这种接口，它与 RJ-45 接口看上去很相似，但 SC 接口显得更扁一些。其明显区别是其中的触片，如果是 8 条细的铜触片，则是 RJ-45 接口；如果是一根铜柱，则是 SC 光纤接口。

4）Console 接口

可进行网络管理的交换机上一般有一个"Console"端口，它专门用于对交换机进行配置和管理。通过 Console 端口连接并配置交换机，是配置和管理交换机必须经过的步骤，所以 Console 端口是最常用、最基本的交换机管理和配置端口。

不同类型的交换机 Console 端口所处的位置并不相同，有的位于前面板，有的位于后面板。通常，模块化交换机大多位于前面板，而固定配置交换机大多位于后面板。在该端口的上方或侧方都会有"Console"字样的标识。

除位置不同之外，Console 端口的类型也有所不同，绝大多数交换机采用了 RJ-45 端口，但也有少数采用了 DB-9 串口端口或 DB-25 串口端口。图 3-19 所示为 DB-9 串口的 Console 口。

图 3-19　DB-9 串口端口

无论交换机采用 DB-9 或 DB-25 串行接口，还是采用 RJ-45 接口，都需要通过专门的 Console 线连接至配置方计算机的串行口。与交换机不同的 Console 端口相对应，Console 线也分为两种：一种是串行线，即两端均为串行接口（两端均为母头），两端可以分别插入到计算机的串口和交换机的 Console 端口中，如图 3-20 所示；另一种是两端均为 RJ-45 接头（RJ-45 to RJ-45）的扁平线。由于扁平线两端均为 RJ-45 接口，无法直接与计算机串口进行连接，因此，必须同时使用一个 RJ-45 to DB-9（或 RJ-45 to DB-25）的适配器，如图 3-21 所示。通常情况下，在交换机的包装箱中会随机赠送一条 Console 线和相应的 DB-9 或 DB-25 适配器。

现在有些网络设备厂商为了方便用户使用，已制作了配置线，此配置线一头为 RJ-45 接头，另一头为串行 DB-9 接口，用户可以直接使用，如图 3-22 所示。

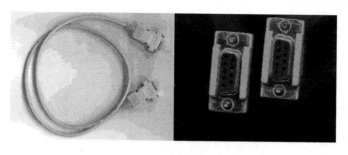

图 3-20　串行线及接口形状

图 3-21　RJ-45 to DB-9 适配器

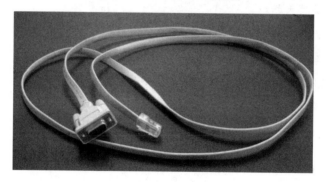

图 3-22　配置线

5）AUI 接口

AUI 接口专门用于连接粗同轴电缆，早期的网卡上有这样的接口，它与集线器、交换机相连组成网络，现在一般用不到了，如图 3-23 所示。

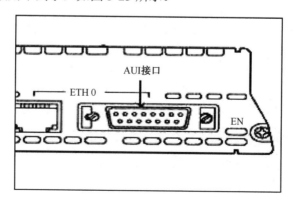

图 3-23　AUI 接口

AUI 接口是一种"D"形 15 针接口，之前在令牌环网或总线型网络中使用，可以借助外接的收发转发器（AUI to RJ-45），实现与 10Base-T 以太网络的连接。

此外，还有 BNC 接口，它是一种专门用于与细同轴电缆连接的接口，现在 BNC 基本上已经不再适用于交换机，只有一些早期的 RJ-45 以太网交换机和集线器中还提供少数 BNC 接口。

现在的交换机提供的接口类型一般为 RJ-45 接口和 SC 接口。图 3-24 所示为锐捷 3760 交换机的接口面板情况。

图 3-24　锐捷 3760 交换机接口面板情况

2．交换机的主要技术指标

交换机的基本技术指标较多，这些技术指标全面地反映了交换机的技术性能及其主要功能，是用户选购产品时的重要参考依据。其主要的技术指标如下。

1）端口数量

端口是指交换机连接网络传输介质的接口部分。目前，交换机的端口大多数是 RJ-45 端口，外观上与集线器的端口一样，交换机的端口主要有 8 端口、16 端口、24 端口及 48 端口。

2）端口速率

目前，百兆交换到桌面已经是网络发展的一个趋势，因此用户应尽量选择 10/100Mb/s 自适应的交换机。每个端口独享 10Mb/s 或者 100Mb/s 带宽。端口的实际速率并不只取决于交换机，它还取决于网卡。

3）机架插槽数和扩展槽数

机架插槽数是指机架式交换机所能安插的最大模块数，扩展槽数是指固定配置式带扩展槽交换机所能安插的最大模块数。

4）背板带宽

背板是整个交换机的交通干线，类似于计算机的总线，它的值越大，在各端口同时传输数据时，给每个端口提供的带宽也就越大，传输速率也就越大，交换机的性能也要高一些。一般情况下，每个端口平均分配的背板带宽需要在 100Mb/s 以上。

5）支持的网络类型

一般情况下，固定配置式不带扩展槽的交换机仅能支持一种类型的网络，机架式交换机和固定配置式带扩展槽的交换机可以支持一种以上的网络。一台交换机所支持的网络类型越多，其可用性和可扩展性越强。

6）MAC 地址表大小

连接到局域网上的每个端口或设备都需要一个 MAC 地址，其他设备要用此地址来定位特定的端口及更新路由表和数据结构。一个交换机的 MAC 地址表的大小反映了该设备能支持的最大节点。

7）最大可堆叠数

"可堆叠"是指交换机可以通过堆叠模块，将两台或两台以上的交换机逻辑上合并成一台交换机，相当于扩展了端口数量，背板带宽也同步扩展。此参数说明了一个堆叠单元中所能提供最大端口密度与信息点的连接能力。堆叠与级联不同，堆叠相当于并联电路，级联相当于串联电路。

8）可网管

网管是指网络管理员通过网络管理程序对网络上的资源进行集中化的管理，包括配置管理、性能和记账管理、问题管理、操作管理和变化管理等。一般来说，交换机厂商会提供管理软件或第三方管理软件来远程管理交换机。

可网管交换机是指符合 SNMP 规范、能够通过软件手段进行诸如查看交换机的工作状态、开通或封闭某些端口等管理操作的交换机。网络管理界面分为命令行方式（Command Line Interface，CLI）与图形用户界面（Graphical User Interface，GUI）方式，不同的管理程序反映了该设备的可管理性及可操作性。

9）最大 SONET 端口数

SONET（同步光传输网络）是一种高速同步传输网络规范，最大速率可达 2.5Gb/s。一台交换机的最大 SONET 端口数是指这台交换机的最大传输的 SONET 接口数。

10）支持的协议和标准

交换机支持的协议和标准内容直接决定了交换机的网络适应能力。局域网交换机支持的协议和标准内容直接决定了交换机的网络适应能力。这些协议和标准一般是指由 ISO 制定的联网规范和设备标准。由于交换机工作在第二层或第三层上，因此工作中要涉及第三层以下的各类协议。

11）缓冲区大小

缓冲区是一种队列结构，被交换机用来协调不同网络设备之间的速度匹配问题。突发数据可以存储在缓冲区内，直到被慢速设备处理为止。缓冲区大小要适度，过大的缓冲空间会影响正常通信状态下数据包的转发速度（因为过大的缓冲空间需要相对多一点的寻址时间），并增加设备的成本；而过小的缓冲空间在发生拥塞时容易丢包出错。所以，适当的缓冲空间加上先进的缓冲调度算法是解决缓冲问题的合理方式。

3. 交换机的工作原理

交换机属于数据链路层设备，可以识别数据包中的 MAC 地址信息，根据 MAC 地址进行数据转发，并将这些 MAC 地址与对应的端口记录在自己内部的一个地址表中。地址表中记录的是 MAC 地址与交换机端口号的对应关系等信息，交换机的工作是围绕着这个 MAC 地址表来进行的。

当交换机控制电路从某一端口收到一个数据帧后，将立即在其内存的地址表中进行查找，以确认该目的地址的网卡连接在哪一个端口，然后将该帧转发至该端口。如果在地址表中没有找到该物理地址，也就是说，该目的物理地址是首次出现的，则将其广播到所有端口。拥有该物理地址的网卡在接收到该广播帧后，将会立即做出应答，从而使交换机将其端口号物理地址添加到交换机中的地址表中。

在交换机刚刚打开电源时，其地址表是一片空白的。那么，交换机的地址表是怎样建立起来的呢？交换机根据以太网帧中的源物理地址来更新地址表。当一台计算机打开电源后，安装在该计算机中的网卡会定期发出空闲包或信号，交换机即可据此得知它的存在及其物理地址。由于交换机能够自动根据收到的以太网帧中的源物理地址更新地址表的内容，所以交换机使用的时间越长，地址表中存储的物理地址就越多，未知的物理地址就越少，因而广播包就越少，速度就越快。

交换机不会永久性地记住所有的端口号物理地址关系，由于交换机中的内存有限，因此，能够记忆的物理地址数量也是有限的。在交换机内有一个忘却机制，当某一物理地址在一定时间内不再出现（该时间由网络工程师设定，默认为300s）时，交换机自动将该地址从地址表中清除，当下一次该地址重新出现时，交换机将其作为新地址处理，重新记入地址表。

小结

本章主要介绍了网络互连的基本概念、网络传输介质的知识及常用网络连接设备的相关知识。网络互连是将不同类型的网络使用网络互连设备连接起来，使不同网络上的主机能相互通信、资源共享，在用户看来，这些互连网络的整体就像一个网络一样。要实现网络互连，必须做到以下几点：在互连的网络之间需要有数据链路、在不同网络节点的进程之间提供适当的路由来交换数据、提供网络记账服务、记录网络资源使用情况、提供各种互连服务，应尽可能不改变互连的各网络原来的结构。网络互连通常指局域网与局域网之间、局域网与广域网之间、不同的局域网通过广域网相连、广域网与广域网之间的互连。网络之间的互连通常是在数据链路层和网络层之间实现的。

现在网络上广泛使用的传输介质是双绞线缆、光缆和无线。网络技术经过多年的发展，使用的传输介质也随之而改变，双绞线缆和光缆及无线传输介质将会在一定的时间内成为网络传输的主流，早期广泛使用的同轴电缆现在基本上已不再使用了，本章没有对其进行介绍。双绞线缆现在是局域网中使用最广泛的介质，随着网络技术的发展以及人们对网络传输速率要求的提高，光传输介质有可能在局域网中广泛使用，而无线传输介质因其方便、灵活正在逐渐扩大其应用范围。

网络连接设备现在应用比较广泛的是路由器与交换机，交换机通常应用于同一网络段中，而路由器是一种跨网段连接设备。在大型的网络中，交换机和路由器的性能决定了该网络的整体性能。

习 题

一、选择题

1. 从达到的目的来看，网络互连包含了 3 个不同层次的内容，它们是（ ）。

    A．互通、互连、交换   B．互连、互通、互操作

    C．互连、互通、共享   D．互通、互连、连通

2. 网络互连主要在（ ）层中实现。

    A．物理层、数据链路层、网络层   B．物理层、数据链路层、表示层

    C．数据链路层、网络层、高层   D．物理层、数据链路层、会话层

3. 在下列传输介质中，在单个建筑物内局域网通常使用的传输介质是（ ）。

    A．双绞线   B．同轴电缆

    C．光纤   D．无线介质

4. 在下列传输介质中，使用 RJ-45 水晶头作为连接器的是（ ）。

    A．双绞线   B．同轴电缆

    C．光纤   D．无线介质

5. 根据（ ），可以将光纤分为单模光纤和多模光纤。

A．光纤的传输速率   B．光纤的粗细

C．光在光纤中的传播方式   D．传输距离

6. 双绞线的两根绝缘铜导线按一定密度互相绞合在一起的目的是（   ）。

A．阻止信号的衰减   B．降低信号的干扰程度

C．增加数据的安全性   D．没有任何作用

7. 下面的（   ）传输介质的带宽最宽，信号衰减最小、抗干扰性最强。

A．非屏蔽双绞线   B．屏蔽双绞线

C．光纤   D．微波

8. 对于无线传输介质的特性，下列说法中错误的是（   ）。

A．无线传输介质不是通过物理连接，而是通过空间进行传输的技术

B．微波通信的工作效率很高，沿直线传播

C．红外线适用于长距离传输，能穿透墙壁

D．激光有很好的聚光性和方向性，但是不能穿透雨和浓雾

9. 交换机工作于 OSI 参考模型的（   ）。

A．物理层   B．数据链路层

C．网络层   D．高层

10. 路由器工作于 OSI 参考模型的（   ）。

A．物理层   B．数据链路层

C．网络层   D．高层

11. 计算机网络中选择最佳路由的网络连接设备是（   ）

A．路由器   B．交换机

C．网卡   D．集线器

12. 交换式局域网的核心设备是（   ）。

A．路由器   B．局域网交换机

C．集线器   D．中继器

13. 10Base-T 标准规定连接节点与集线器的非屏蔽双绞线的距离最长为（   ）m。

A．100   B．200

C．185   D．500

14. 要将两台计算机通过网卡直接相连，那么双绞线的接法应该为（   ）。

A．T568B-T568B   B．T568A-T568A

C．T568A-T568B   D．任意接法都行

15．100Base-T 网络使用（　　）作为传输介质。

    A．双绞线　　　　　　　　　　　B．同轴电缆

    C．光纤　　　　　　　　　　　　D．微波

16．100Base-F 网络使用（　　）作为传输介质。

    A．双绞线　　　　　　　　　　　B．同轴电缆

    C．光纤　　　　　　　　　　　　D．微波

二、填空题

1．将不同的网络使用_____连接起来，使不同网络上的主机能相互_____，能实现_____，这称为网络互连。

2．在一个大型网络中，进行通信的两个端系统常常要跨越多个_____。

3．网络互连包含了 3 个不同层次的内容：_____、_____、_____。

4．网络互连的类型有_____、_____、_____和_____。

5．网络互连的层次有_____、_____和_____。

6．双绞线是最常见的网络传输介质之一，被广泛应用于_____和_____中。

7．双绞线通常由两对或更多对相互缠绕在一起的导线组成，其目的是消除或减少_____和_____。

8．根据双绞线是否有屏蔽层，双绞线可分为_____和_____。

9．屏蔽双绞线由成对的_____组成，在实心电缆上包围着一层用_____编织的屏蔽层。

10．非屏蔽双绞线的外皮上标识了"CATEGORY 5e CABLE"，其含义是_____。

11．直通线缆主要用于_____、_____、_____和_____之间的连接。

12．常见的无线传输介质主要有_____、_____、_____和_____等。

13．红外线技术广泛应用于_____、_____等家用电器的遥控器中，在计算机系统中应用集中于外设，如_____、_____等。

14．无线电波的频率在 $10^4 \sim 10^8 Hz$ 之间，含_____、_____、_____和特高频。无线电通信分为_____和_____两种。

15．按光在光纤中的传输模式可将光纤分为_____和_____。

16．交换机是构建局域网使用最多的网络设备之一，又称为_____，是专门设计的、使计算机能够相互高速通信的_____网络设备，工作于 OSI 参考模型的_____层。

17．交换机的主要技术指标有_____、_____、_____、_____、_____和

_____等。

18. 路由器的主要功能有_____、_____、_____、_____和_____。

三、简答题

1. 什么是网络互连？

2. 从要达到的目的来看，网络互连包含了什么内容？

3. 屏蔽双绞线和非屏蔽双绞线的主要差异是什么？

4. 单模光纤与多模光纤在性能上的主要区别是什么？

5. 简述几种无线传输介质的区别。

6. 路由器的基本功能是什么？

7. 路由器的端口类型有哪些？

8. 交换机的主要性能指标有哪些？

局域网技术

内容导读

　　局域网是小型计算机和微型计算机普及与推广之后发展起来的，是目前应用最为广泛的一种重要的基础网络，我们日常生活、工作、学习所能看见的网络均为局域网。由于局域网具有组网灵活、成本低、应用广泛、使用方便、技术简单等特点，已经成为当前计算机网络技术领域中最活跃的一个分支。

4.1　组建对等办公网络

 情景再现

　　"天工"家装服务公司设计部原来只有一名设计人员，配置了一台计算机（以下称 PC1）和一台打印机用于工程设计等工作，随着公司业务的发展，又招聘了两名设计人员并为其配备了两台计算机（以下称 PC2、PC3）。

　　在实际工作中，两名新员工设计出的产品必须复制到 PC1 中，才能打印出效果图，非常不方便，设计人员希望公司能将 3 台设计计算机连成一个小的网络，以提高工作效率。公司征求相关人员意见后，同意构建设计部专用的办公网络。

背景知识

　　1. 局域网的主要特征

　　局域网本身就隐含了这种网络在地理范围上的局域性。由于较小的地理范围的局限性，局域网具有很高的传输速率。

1）局域网概念

由于局域网技术发展迅速，所以很难给局域网下一个确切的定义。通常这样认为：局域网是指在有限的地理区域内构建的计算机网络。IEEE 对"LAN"所下的定义为：局域网是一个允许很多彼此独立计算机在适当的区域内、以适当的传输速率直接进行沟通的数据通信系统。局域网是最基本的计算机网络形式，只包含了 OSI 参考模型的低三层协议。

2）局域网的特征

局域网通常被限制在中等规模的地理区域内，采用具有从中等到较高的数据传输速率和较低误码率的物理通信信道。具体来说，局域网具有如下主要特点。

（1）局域网覆盖的地理范围小，如一个房间、一幢大楼、一个工厂、一所学校、一个社区，其地理覆盖范围通常不超过 10km。

（2）通信速率较高。局域网具有较高数据传输速率，一般不小于 10Mb/s，以目前的技术看，速率可达 10000Mb/s，局域网中数据传输质量高，误码率低。

（3）局域网通常为一个单位所有。由于局域网的小范围分布和高速传输，使它适用于对一个部门或一个单位的管理。这样，局域网的所有权可以归某一个单位所有，被单位内部使用，它不需要由国家通信部门参与管理。

（4）便于安装和维护，可靠性高。局域网的安装比较简单，扩充也很容易，在大量采用的星形局域网中，可以随时增加站点，当某些站点出现故障时，整个网络可以正常工作。局域网可以构成分布式处理系统，故障站点的计算任务可以移至其他站点进行处理。

（5）如果采用宽带局域网，则可以实现对数据、话音和图像的综合传输；在基带网上，采用一定的技术，也有可能实现话音和静态图像的综合传输，可以为办公自动化提供数据传输上的支持。

（6）协议只涉及通信子网的内容。局域网协议模型只包含 OSI 参考模型低 3 层（即通信子网）的内容，但其介质访问控制比较复杂，所以局域网的数据链路层分为 LLC 子层和MAC 子层。

2．以太网技术

以太网在已有的局域网标准中是最成功、应用最广泛的一种局域网技术。世界上第一个以太局域网是 1972 年由美国施乐公司 Palo Alto 研究中心开发的实验系统，目的是将办公室中的工作站与昂贵的主计算机连接起来，以便使工作站分享主计算机资源和其他的外设。之所以称为以太网，是借用"以太"来描述以太网络的特征——物理介质将信号传播到网络的每一个角落。

1）以太网标准与分类

以太网是目前使用最为广泛的局域网技术，它可以使用同轴电缆、双绞线和光缆等不同的传输介质进行组网，支持 10Mb/s、100 Mb/s 及 1000 Mb/s 的网络传输速度。

以太网采用的主要标准包括 10Base-5、10Base-2、10Base-T、10Base-F、100Base-TX、100Base-FX 及千兆位以太网等，其主要技术参数见表 4-1。

表 4-1　以太网的主要标准及技术参数

标准	主要使用的传输介质	速率
10Base-5	50Ω 粗同轴电缆	10Mb/s
10Base-2	50Ω 细同轴电缆	10Mb/s
10Base-T	3 类、4 类、5 类或超 5 类非屏蔽双绞线	10Mb/s
10Base-F	多模光纤	10Mb/s
100Base-TX	5 类或超 5 类非屏蔽双绞线	100Mb/s
100Base-FX	多模光纤	100Mb/s
1000Base-SX	（短波长）多模光纤	1000Mb/s
1000Base-LX	（长波长）多模光纤	1000Mb/s
1000Base-CX	屏蔽双绞线	1000Mb/s

（1）10Mb/s 以太网。

10Mb/s 以太网技术主要有 10Base-5、10Base-2、10Base-T 和 10Base-F 等。

① 10Base 5：这种以太网称为粗缆以太网，采用基带传输，使用总线型拓扑结构，传输介质为粗同轴电缆，每一段电缆的最大长度为 500m。因为其构建成本较高，网络维护比较困难，目前 10Base-5 的应用越来越少，几乎已经不再使用了。

② 10Base 2：这种以太网称为细缆以太网，采用基带传输，使用总线型拓扑结构，传输介质为细同轴电缆，每一段电缆的最大长度为 185m。网络安装简单，电缆线也比较便宜，成本较低，但连接的长度较短，网络可靠性不高，如果总线出了问题，则整个网络都不能工作，且断网后网络故障点难以查找。

③ 10Base-T：1990 年，IEEE 制定了星形网 10Base-T 的标准 802.3i。10 表示传输速率为 10Mb/s；"T"表示 Twist（绞合），即使用双绞线（3 类、5 类或超 5 类），使用 4 对线中的 2 对双绞电缆，一对用于发送数据，另一对用于接收数据。10Base-T 每段的距离限制为 100m。

10Base-T 以太网采用星形拓扑结构，中央节点是一个集线器，每个节点把数据传输到中央节点，中央节点再传输到每一个节点。

④ 10Base-F：10Base-F 是 10Mb/s 光纤以太网，使用 62.5μm/125μm 多模光纤介质和 ST 标准介质连接器，通过多模光纤介质和 ST 连接器把网络站点与光纤集线设备连接起来，组成光纤以太网，具有传输距离长、安全可靠等优点。10Base-F 使用 2 芯光纤，一芯用于发送，另一芯用于接收，最大传输距离为 2km。

（2）快速以太网——100Base-TX。

随着以太网技术的不断发展，出现了数据速率达到 100Mb/s 的以太网，被称为快速以太网。其中最重要的技术是 100Base -TX 和 100Base-FX。

100Base-TX 基于 IEEE 802.3U 标准，使用两对 UTP 或 STP 接线的 100Mb/s 的基带快速以太网规范，一对用于发送数据，另一对用于接收数据。100Base-TX 每段的距离限制为 100m。采用以太网交换机，比原来的集线器能够更有效地进行数据传输。

100Base-FX 是使用多模光纤作为传输介质的。出现 100Base-FX 不久后就出现了吉比特的光纤和铜线传输标准，所以现在 100Base-FX 标准并没有被广泛使用，而 100Base-TX 标准则得到了广泛使用。

（3）千兆以太网。

1998 年，IEEE 802.3z 委员会通过了 1000Base-X 标准，该标准将光纤上的数据传输率提升到 1Gb/s，所以千兆以太网又称为吉比特以太网，其具有较长的传输距离和较好的抗干扰性，选择设备也非常丰富，现已进入市场，是当前最受推荐的网络技术之一。1000Mb/s 以太网技术主要有 1000Base-SX、1000Base-LX、1000Base-CX。

① 1000Base-SX：1000Base-SX 是一种在收发器上使用短波激光作为信号源的媒体技术，收发器上的光纤激光传输器的激光波长为 770～860nm。它支持 62.5μm/125μm 和 50μm/125μm 两种多模光纤介质，不支持单模光纤。对 62.5μm 多模光纤而言，在全双工模式下最大传输距离为 275m；对 50μm 多模光纤而言，在全双工模式下最大传输距离为 550m，且均使用 SC 连接器。

② 1000Base-LX：1000Base-LX 是一种在收发器上使用长波激光作为信号源的媒体技术，收发器上的光纤激光传输器的激光波长为 1270～1355nm。它支持 62.5μm/125μm 和 50μm/125μm 两种多模光纤介质，也支持单模光纤。在使用多模光纤且在全双工模式下，其最大传输距离为 550m，对 9μm/125μm 单模光纤而言，在全双工模式下，其最大传输距离为 5km，且均使用 SC 连接器。

③ 1000Base-CX：1000Base-CX 是短距离铜线千兆以太网标准，它使用一种特殊规格的屏蔽双绞线，双绞线的特性阻抗为 150Ω，最大传输距离为 25m。连接双绞线的连接器是 9 针的 D 形连接器或 8 针带屏蔽光纤信道 2 型连接器。

2）以太网的介质访问控制方法

带冲突检测的载波侦听多路访问（CSMA/CD）是以太网中采用的介质访问控制方法，它的控制规则是各用户之间采用竞争方法抢占传输介质以取得发送信息的权利。

CS——载波侦听：每个节点监视网络状况，确定是否有其他节点在发送数据。

MA——多路访问：网络中的多个节点可能试图同时发送数据。

CD——冲突检测：每个节点通过比较自己发送的信息是否受损来检测信号的冲突。

CSMA/CD 介质访问控制的工作过程如下。

① 发送信息的站点首先"侦听"信道，看是否有信号在传输，如果发现信道正忙，则继续侦听。

② 如信道空闲，则可以立即发送数据。注意，此时可能有两个或更多个站点同时侦听并发现信道空闲，而在信道空闲后有可能同时发送数据。

③ 发送信息的站点在发送过程中同时监听信道，检测是否有冲突发生。发生冲突的结果是双方的数据都受损。

那么如何判断发生了冲突呢？发送方通过接收信道上的数据并与发送的数据进行比较，即可判断是否发生了冲突。

④ 当发送方检测到冲突后，立即停止此次数据的传输，并向信道上发送长度为 4 字节的"干扰"信号，以确保其他站点也发现该冲突，并在等待一段时间后尝试发送。

目前，在常见的局域网中，一般采用 CSMA/CD 访问控制方法的逻辑总线型网络，用户只要使用以太网卡，就具备此种功能。

3. 局域网的网络模式

不同的网络模式，其工作特点和所提供的服务是不同的，因此用户应当根据运行的应用程序的需要，选择合适的网络模式。

局域网在发展进程中的几种网络模式分别如下。

① 集中式处理的主机-终端机系统结构。

② 对等网络系统结构。

③ 客户机/服务器系统结构

④ 浏览器/服务器系统结构。

在这几种结构中，主机-终端机系统结构主要应用于银行等具有特殊要求的计算机网络系统，在局域网中不多见。

1）对等网络结构系统

对等网络是指网络上每台计算机的地位都是平等的或者是对等的。没有特定的计算机作为服务器。在 Windows 系列操作系统中，对等网络又称为工作组网络。

（1）对等网。

对等网也可以说是不要服务器的局域网，它是一个分布式网络系统。在对等网中，资源和管理是分散在网络中的各个工作站上的，网络中的每一台计算机之间不是"服务器/工作站"的关系，也不是"客户机/服务器"的关系，在对等网上各台计算机都有相同的功能，没有主从之分，网上任意的节点计算机既可以作为网络服务器为其他计算机提供资源，又可以作为工作站，分享其他计算机上的资源。它们之间是对等的，充分利用了点到点通信的功能。

在对等网中，各工作站除了共享文件之外，还可以共享打印机。对等网上的打印机可被网络上的任一节点使用，如同使用本地打印机一样方便。因为对等网不需要专门的服务器来做网络支持，所以不需要其他组件来提高网络的性能。

（2）对等网络的规划。

对等网络的规划一般比较简单，通常采用图 4-1 所示的星形结构或图 4-2 所示的总线型结构。

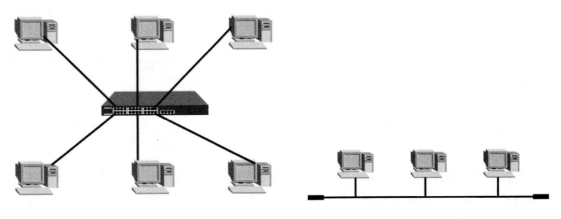

图 4-1　星形结构对等网　　　　　　　图 4-2　总线型结构对等网

星形结构对等网用户要选购的硬件包括如下几种。

① 交换机。

② 带有网络接口的计算机。

③ 一定数量的带有水晶头的网线，一般在 100m 以内。

（3）对等网的适用场合。

对等网非常适用于小型办公室、实验室和家庭等小规模网络。通常对网络计算机工作站的要求如下：最好不超过 10 台计算机，超过 10 台计算机以后，对等网的维护会变得十分困难。所以当用户的计算机数量不多，并以资源共享为主要目的时，建议采用这种网络结构。

（4）对等网的特点。

① 主机地位相等：在对等网络中的每一台计算机，当要使用网络中的某种资源时它是客户机，当它为网络中的其他用户提供某种资源时，就成为服务器，所以在对等网络中的计算机既可作为服务器，又可作为客户机。实际上，在网络上所有的打印机、光驱、硬盘，甚至软驱和调制解调器都能进行共享。

② 管理方便：对等网络中每台计算机都有绝对的自主权，自行管理自己的资源和账户，用户自行决定资源是否共享，其管理方式是分散的。但也因此而使安全性较差，复杂的网络管理功能（如安全的远程访问等）无法实现。

③ 成本低廉：对等网不需要专用服务器，不需要功能强大的交换设备，系统配置简单，维护费用低。

在用户对网络功能和服务要求不高的小型局域网建设中，对等网络可以满足用户的需要，如办公室、家庭和游戏厅等小规模网络。

2）客户机/服务器网络结构

客户机/服务器网络（Client/Server，C/S）是以服务器为中心的网络模型，也称为主/从结构网络。这种结构在 20 世纪 90 年代相当流行，这种网络模型价格低廉，资源共享灵活简单，有良好的可扩充性。

（1）客户机/服务器网络。

客户机/服务器网络结构是在专用服务器结构的基础上发展起来的。随着局域网的不断扩大和改进，在局域网的服务器中共享文件、共享设备的服务仅仅是典型应用中很小的一部分。网络技术的发展使得文件服务器也可以完成一部分应用处理工作。每当用户需要一个服务时，由工作站发出请求，然后由服务器执行相应的服务，并将服务的结果送回工作站。此时，工作站已不再运行完整的程序，其身份也自然从"工作站"变为"客户机"。局域网中需要处理的工作任务分配给客户机端和服务器端来共同完成。

（2）客户机/服务器网络的规划。

客户机/服务器网络，通常采用图 4-3 所示的星形拓扑结构，使用专用的服务器为网络用户提供服务。服务器有文件服务器、应用服务器等。服务器是局域网中的核心设备，一般由高档的计算机或专用服务器来担任。它有大容量的内存、硬盘及高速的 CPU，服务器上安装有网络操作系统，用户可以共享服务器上的网络资源。

星形结构客户机/服务器网络用户要选购的硬件包括如下几种。

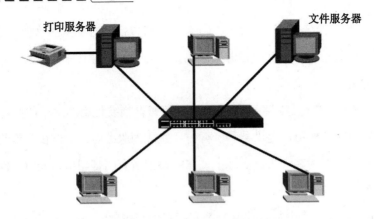

图 4-3　客户机/服务器网络结构

① 服务器。

② 交换机。

③ 一定数量的计算机和网线。

（3）适用场合。

C/S 结构具有广泛的适用性，因此被应用于安全性能较高的、便于管理的、具有各种计算机档次的中小型单位，如公司的办公网络、工商企业网、校园网和园区网等。

（4）C/S 模型的特点。

① 分工明确：在客户机/服务器模型中，网络中计算机分工明确。服务器就是负责网络资源的管理和提供网络服务的，客户机向服务器请求服务和访问共享资源。明确分工便于将重要的数据集中，使访问变得更加方便和安全，而且可以提供强大的网络服务。这是对等网无法做到的。

② 集中式管理：这种网络模型中服务器承担着集中式网络管理的工作，从用户身份的验证到资源访问控制都是在服务器上进行的，网络管理更加方便和专业。客户机不需要进行网络管理工作，只关注网络的使用。

③ 可扩充性好：客户机/服务器模型的可扩充性优于对等网。在对等网络中，当需要添加一台主机时，由于对资源控制的需要，可能需要在网络中每台主机上都进行一定的配置；在客户机/服务器模型中，当需要增加主机时，不需要重新设计，直接添加计算机即可。

3）专用服务器模式

在局域网中，服务器是网络的核心。一般情况下，大多数网络有一个或多个指定的服务器，这个服务器只作为资源的提供者或者网络的管理者，而并不作为一个客户机或者工作站。在这种情况下，服务器可以为客户提供功能强大、响应迅速的服务，并可以为网络资源提供完善的安全措施。同时，客户端计算机并不提供任何共享的资源和服务，它仅仅作为一个客户机来访问服务器的资源。

　　基于服务器的网络具有易于管理、较好的安全性、有效地实现备份和冗余、有利于降低客户端设备的要求等优点。

　　在服务器上，可以同时提供多个不同的服务。但是，在网络设计时，要根据服务器的处理能力、网络数据传送等情况，确定合理的配备，做到成本与效益的平衡。

　　作为专用服务器的设备通常是一台高性能、可靠性高的微机、小型机或大型机。每个服务器一般要配置一个或多个调整的大容量磁盘存储器。磁盘存储器中要存放网络的文件系统、各个用户的应用程序、数据文件等，当磁盘容量不够时，还可以增加磁盘。

　　服务器上运行的网络操作系统负责处理各工作站提出的服务请求。所以服务器还必须具备快速的通信、访问和处理速度及调试的安全容错能力。对于专用服务器，因为它的全部功能都用于网络的管理和服务，所以它能够提供高速率的网络服务。在实际局域网的应用中，通常也采用专用服务器的方式。因此，专用服务器的安装、连接和管理要由专门的网络管理员或专业技术安装人员来完成。

　　4. 本地用户账户

　　用户账户是计算机的基本安全账户，计算机通过用户账户来辨别用户的身份，使合法用户登录计算机、访问本地计算机资源或从网络上访问这台计算机的共享资源。

　　本地用户账户的作用范围仅限于创建账户的计算机，以控制用户对该计算机上资源的访问。所以，当用户需要访问"工作组"模式下的计算机时，必须在每一台需要访问的计算机上都有其本地账户。

　　用户账户是用户的唯一凭据，包含了 Windows 系统中定义用户的所有信息，如用户的名称、口令和使用系统资源所需的用户权限。本地用户账户信息都存储在系统 Windows32\config\Sam 数据库中。本地计算机中的用户账户名称是不能重复的，而在系统内部使用 SID（安全标识符）来识别用户身份，每个用户账户都将对应一个唯一的安全标识符。

　　两个常用的内置账户分别是 Administrator 和 Guest，它们都是 Windows 自动创建的。

　　Administrator：管理员账户，对本地计算机进行管理，可以赋予自己的任何权限。此账户可改名，但不可删除，要妥善保护密码。

　　Guest：客户访问账号。默认的 Guest 账户已停用（disable），可改为账户不停用（enable），此时网络上的机器都可访问该机器上的共享文件夹。Guest 可改名，但不可删除。

　　新建账户并对账户进行命名时要遵循以下命名规则。

　　① 唯一用户登录名：本地账户的用户名不能重复。

② 用户名长度：最长 20 字符。

③ 字符 /、\、[、]、:、;、|、=、+、*、? 、<、>不可用。

④ 用户名登录不分大小写。

每个用户账户都有密码保护，虽然可以不给账户设置密码，但这会对计算机的安全造成威胁。密码设置时需要注意：为了保护对域或计算机的访问权限，每个用户应有一个密码；要始终为 Administrator 账户指定密码，以防止未经授权的访问，管理员可以为用户账户指派唯一密码，并防止用户更改密码；或者允许用户在第一次登录时输入自己的密码；使用难猜测的密码，避免使用具有明显关联的密码；密码最长为 128 个字符，建议使用 8 个字符以上，同时使用大写和小写字母、数字和有效的非字母数字字符。

5. 网络资源的共享

在网络环境中，管理员和用户除了使用本地资源外，还可以使用其他计算机上的资源。在资源使用的过程中，对于用户来说，不需要知道资源的位置，对于共享资源来说，也不需要清楚用户的位置，双方都是透明的，用户只要了解到网络中有自己所需要的资源，并且有资源的使用权限即可使用该资源。

1）文件的共享

在网络中，文件是不可以直接被共享的，所以文件的共享只能通过文件夹的共享来实现，将文件放置于某个文件夹，然后将文件夹设置为共享，网络用户可能通过访问共享的文件夹来访问共享的文件。

选中网络中需要共享的文件夹并右击，在弹出的快捷菜单中选择"共享和安全"选项，打开如图 4-4 所示的文件夹属性对话框。在该对话框中选择"共享"选项卡，选中"共享此文件夹"单选按钮，共享名使用系统默认的名称，单击"确定"按钮，完成文件夹的共享设置。此时，此文件夹中的文件即可被网络上的用户访问。

2）打印机的共享

打印机共享是实现网络打印的基本手段，通过将本地打印机共享出来提供给网络用户使用可以减少办公设备的投入，提高工作效率。网络打印机的配置分为两个步骤：在计算机上安装本地打印机；对本地打印机设置共享，提供给网络用户使用。

在"开始"菜单中选择"打印机和传真"选项，打开窗口，选中已安装好的本地打印机图标并右击，在弹出的快捷菜单中选择"共享"选项，打开如图 4-5 所示的打印机属性对话框，在该对话框中选择"共享"选项卡，选中"共享这台打印机"单选按钮，共享名可以使用系统默认的名称，单击"确定"按钮，完成打印机共享的设置。

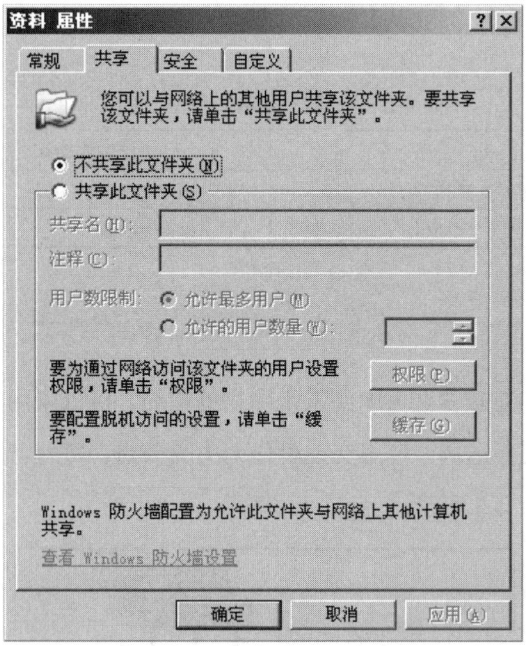

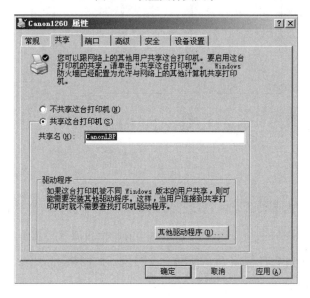

图 4-4　设置文件夹共享

图 4-5　设置打印机共享

任务规划

1.　硬件规划

根据对所需完成项目的描述和已有的理论知识，最经济、最简单的方法就是将这 3 台计算机使用双绞线和一台 8 口交换机相连，先组成一个 100Base-T 的局域网。因此，完成此项目所需的硬件设备见表 4-2。

表 4-2　组建此局域网所需设备情况

设 备 名 称	作　　用	主要性能及参数	数　量
交换机	提供数据转发的中央节点	8 口 10M/100Mb/s 自适应	1 台
双绞线	提供计算机与交换机之间的数据传输	超 5 类非屏蔽双绞线	3 根

2. 拓扑规划

此网络计算机数量相对较少，考虑到未来网络的扩充，可以采用星形拓扑结构或总线型拓扑结构，建议使用星形拓扑结构，使用交换机作为中央节点，每台计算机通过双绞线与交换机相连，具体拓扑结构如图 4-6 所示。

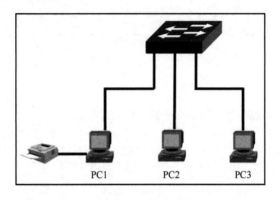

PC1　　　PC2　　　PC3

图 4-6　拓扑结构

3. IP 地址规划

由于此网络是单位内部使用的，且涉及的计算机仅有 3 台，即使考虑后期扩充，选择 C 类网络也是够用的。考虑到后期将办公室网络接入 Internet 的需要，可以使用 C 类的保留地址。设计时，要保证网络中每台计算机都属于同一个网段。此网络所使用的网段为 192.168.1.0/24，各计算机 IP 地址见表 4-3。

表 4-3　IP 地址情况一览表

计　算　机	IP 地址	子 网 掩 码
PC1	192.168.1.1	255.255.255.0
PC2	192.168.1.2	255.255.255.0
PC3	192.168.1.3	255.255.255.0
…	…	…

4. 共享设置

根据任务要求，在组建好局域网之后，可以在计算机 PC1 上设置一个共享文件夹，需要共享的文件均可以通过此文件夹进行传输，并将连接在 PC1 上的打印机设置为共享打印机，提供给网络中的其他计算机使用。同时，为了保证计算机使用的安全性，可以对每台计算机的管理员用户设置一个密码，并新建一个用户，通过此用户来保证共享的权限。

任务实施

1. 硬件准备

根据规划需要准备的硬件设备为 8 口交换机和 3 条网线。8 口交换机的品牌没有特殊要求，只需要端口速率达到 100Mb/s 即可，网线可以使用自制网线，也可以购买成品网线，建议根据需要使用超 5 类双绞线。

2. 物理连接

使用直通双绞线将计算机与交换机连接起来。

3. 配置 IP 地址

打开各计算机的网络属性对话框，根据规划的 IP 地址，设置各计算机的 IP 地址，如图 4-7 所示。

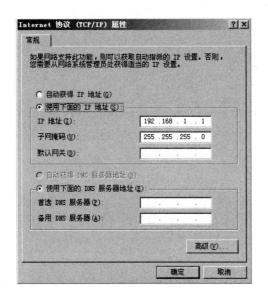

图 4-7 配置计算机的 IP 地址

各计算机的 IP 地址配置完成后，可以使用 ping 命令测试网络的连通情况。选择"开始"→"运行"选项，在"运行"文本框中输入"cmd"命令，打开命令行窗口，在该窗口中输入"ping 192.168.1.2"并按回车键，如果返回如图 4-8 所示的结果，则表明网络中 PC1 和 PC2 两台计算机间是连通的。

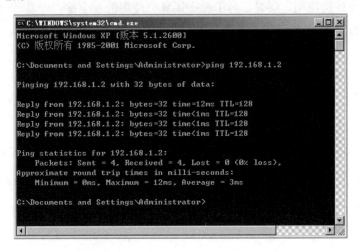

图 4-8　测试网络的连通性

4．创建用户

为了使用方便，在每台计算机上都创建一个共同的用户 public_user。创建方法如下。

（1）启动计算机，在桌面上右击"我的电脑"图标，在弹出的快捷菜单中选择"管理"选项，打开如图 4-9 所示的"计算机管理"控制台。

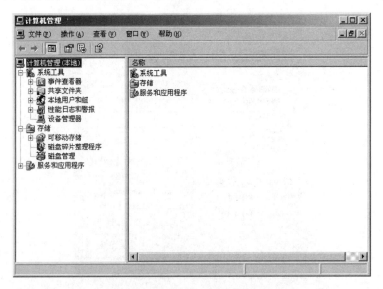

图 4-9　"计算机管理"控制台

（2）选择左窗格中的"本地用户和组"选项，展开本地用户和组，右击用户或在右侧的用户信息窗口的空白位置右击，在弹出的快捷菜单中选择"新用户"选项，如图 4-10 所示。

图 4-10 创建新用户

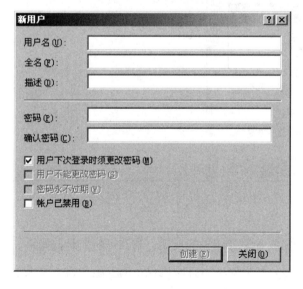

图 4-11 设置"新用户"的信息

（3）此时系统会打开"新用户"对话框，在此对话框中要求用户输入需要创建的"新用户"的信息，如图 4-11 所示。根据规划输入新用户的"用户名"及"密码"等信息。

在创建用户账户时，如果勾选"用户下次登录时须更改密码"复选框，则下次以此用户身份登录计算机时需要更改密码，以后以更改后的密码进行正常登录。

（4）用户信息输入完成后，单击"创建"按钮完成新用户的创建。此时，可以新用户的身份登录当前计算机。

5. 设置文件夹共享

在每台计算机上将需要共享的文件放置在文件夹中，并将该文件夹设置为共享文件夹。设置方法参照前面所述。

6. 安装本地打印机并设置共享

在 PC1 上连接物理打印机并安装该打印机的驱动程序。驱动程序的安装方法如下：打开"打印机和传真"窗口，在左侧的"打印机任务"栏中单击"添加打印机"超链接，如图 4-12 所示，启动添加打印机向导。

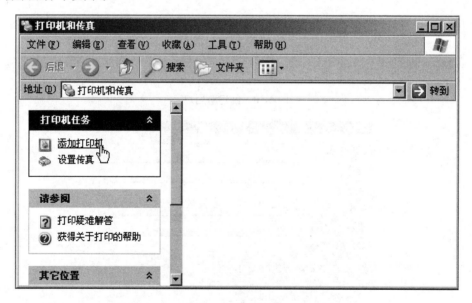

图 4-12 添加打印机

在向导的引导下，完成本地打印机的安装。需要提醒的是，如果在系统自带的打印机驱动中没有物理打印机的型号，则需要使用打印机自带的安装光盘。如果系统中有所连接物理打印机的型号，则可以在系统中直接安装。安装完成后，将该打印机设置为共享，设置方法参照前面的介绍。

7. 网络资源的访问

在 PC2 上的"运行"对话框中输入"\\192.168.1.1",如图 4-13 所示,单击"确定"按钮,系统会要求输入用户名和密码,即进行身份验证,如图 4-14 所示。输入创建的"public_user",并输入密码,即可访问 PC1 中共享的资源,如图 4-15 所示。

图 4-13 通过绝对路径访问网络资源   图 4-14 身份验证

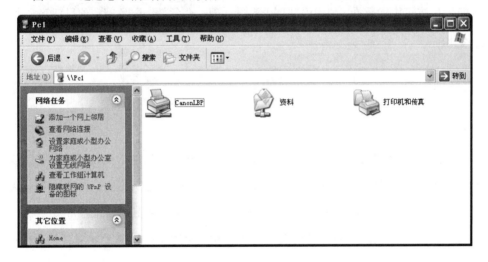

图 4-15 访问到的网络共享资源

任务总结

局域网是人们日常生活中可以接触到的网络形式。很多人对网络的理解就是自己的计算机能够连接到因特网,而不知道因特网是由全世界大大小小的局域网连接而成的,人们连接因特网的时候几乎都是通过局域网来进行的。局域网通常认为是 10km 地理范围内的网络形式,通常属于一个单位所有,具有传输速率高、易维护等特点,通常使用星形拓扑来组建,其网络构建模式通常有 3 种:对等网、基于服务器和客户机/服务器的网络模式。常用的局域网类型有以太网、快速以太网等,我们平常接触的基本上都是使用以太网技术构建的局域网。在局域网内，不仅可以共享软件资源，还可以共享硬件资源。

4.2 组建可管理的办公网络

 情景再现

经过一年多的发展，"天工"家装服务公司规模得到了扩大，员工也扩充到 20 余人，由于公司刚刚起步，条件所限，多个部门在同一间办公室内办公。公司为每个员工都配备了计算机，并且都连接在一台交换机上构成局域网，员工的计算机之间能够相互访问，传输数据非常方便。但一段时间后，大家都感觉传输的速度不如以前了。此外，所有人的计算机都能相互访问，文件也能相互传递，这样很不安全。现公司希望在尽量不增加成本的情况下，对网络进行改进，一是提高网络的传输效率，二是将公司网络按照部门划分，计算机的相互访问只限于本部门内部，各部门之间不能相互访问共享资源。公司内部划分为设计部、业务部、财务部、项目部等多个部门。

背景知识

1. 交换机

1）网管型交换机

网管型交换机是管理员可以对其进行配置，以发挥其最大功能的交换机，配置完成后，网络管理员可以通过网络对其配置进行调整，对其端口、运行状态实施监控，通过对交换机的管理实现对网络的管理。因此，使用网管型交换机构建的网络一般具有智能性和安全性。在企业或者办公室网络中，一般使用网管型交换机，而一般的家用交换机属于非网管型交换机。

2）交换机主流品牌

目前，交换机市场厂家众多，各品牌交换机的交换能力也略有差异，主流品牌有华为、思科、H3C、锐捷、D-link、TP-link、中兴等，市场占有率比较高的集中在 3 个品牌，即华为、思科、H3C。

2. 交换机的配置

1）超级终端

超级终端是一个通用的串行交互软件程序，通过这些程序，可以通过超级终端与嵌入式系统交互，使超级终端成为嵌入式系统的"显示器"。其原理是将用户输入随时发向串口，但并不显示输入，它显示的是从串口接收到的字符。而嵌入式系统的相应程序便将自己的启动信息、过程信息主动发送到运行了超级终端的主机，将接收到的字符返回到主机中，同时发送需要显示的字符（如命令的响应等）到主机。此时，在主机端看来，既有输入命令，又有命令运行状态信息，超级终端成了嵌入式系统的显示器。

2）终端会话的建立

交换机在没有使用时，内部只有其自身的一些信息，需要用户对其进行相应的设置。设置方法通常是通过交换机的 Console 口，使用超级终端软件在交换机与 PC 之间建立终端会话，对交换机进行初始化设置。操作方法如下。

（1）用控制台线缆将交换机控制台端口与计算机的串行通信端口连接起来，如图 4-16 所示。

（2）启动计算机，进入系统。将交换机加电自检，通过自检后电源指示灯显示为绿色，交换机进入正常工作状态。

（3）在计算机上启动超级终端，选择"开始"→"程序"→"附件"→"通信"→"超级终端"选项，打开"新建连接-超级终端"对话框，同时会打开"连接描述"对话框，如图 4-17 所示，此时用户可以开始建立与交换机的连接。

图 4-16　计算机通过 Console 口与交换机连接　　　　图 4-17　新建超级终端连接

（4）在"名称"文本框中输入连接的名称，这里输入"cisco"，并在"图标"选项组中选择代表该连接的图标。

（5）单击"确定"按钮后，系统会打开"连接到"对话框，如图 4-18 所示。在"连接时使用"下拉列表中选择控制台线缆所连接的计算机串口，这里选择"COM1"，表示连接的是计算机的第一个串口。

（6）单击"确定"按钮，打开"COM1 属性"对话框，如图 4-19 所示。在"每秒位数"

下拉列表中选择"9600"，在"数据流控制"下拉列表中选择"无"，其他选项采用默认值即可。

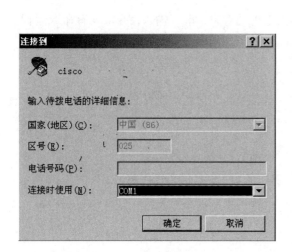

图 4-18　选择连接端口

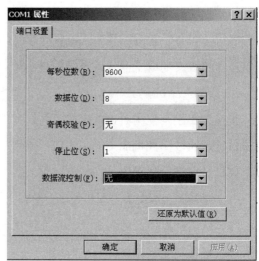

图 4-19　设置端口属性

（7）单击"确定"按钮，打开超级终端的连接会话。按 Enter 键几次后可看到交换机启动时的自检信息，如图 4-20 所示。

图 4-20　交换机启动信息

（8）系统启动完成后，会出现相应的提示，提示形式为"主机名>"。此时表明交换机已经启动完成，可以进行设置了。用户可以通过单击"断开"图标或选择"文件"→"退出"选项的方式中断会话，也可以单击"呼叫"图标重新开始一个会话。如果选择"文件"→"保存"选项，则可以保存该会话。

3）交换机的组成

交换机相当于一台特殊的计算机，也是由硬件和软件两部分组成的，同样有 CPU、存储介质和操作系统，只是这些都与 PC 有些差别而已。

软件部分主要是 IOS 操作系统，硬件主要包含 CPU、端口和存储介质。交换机的端口主要有以太网端口、快速以太网端口、吉比特以太网端口和控制台端口。存储介质主要有 ROM（只读存储设备）、Flash（闪存）、NVRAM（非易失性随机存储器）和 DRAM（动态随机存储器）。

其中，ROM 相当于 PC 的 BIOS，交换机加电启动时，将先运行 ROM 中的程序，以实现对交换机硬件的自检并引导启动 IOS。该存储器在系统掉电时程序不会丢失。

Flash 是一种可擦写、可编程的 ROM，Flash 包含 IOS 及微代码。Flash 相当于 PC 的硬盘，但速度要快得多，可通过写入新版本的 IOS 来实现对交换机的升级。Flash 中的程序在掉电时不会丢失。

NVRAM 用于存储交换机的配置文件，该存储器中的内容在系统掉电时也不会丢失。

DRAM 是一种可读写存储器，相当于 PC 的内存，其内容在系统掉电时将完全丢失。

4）交换机的基本命令

Cisco IOS 提供了用户 EXEC 模式和特权 EXEC 模式，同时提供了全局配置、接口配置、Line 配置和 VLAN 配置等模式，以允许用户对交换机的资源进行配置和管理。

（1）用户 EXEC 模式。

当用户通过交换机的控制台端口或 Telnet 会话连接并登录到交换机时，此时所处的命令执行模式就是用户 EXEC 模式。在该模式下，只执行有限的一组命令，这些命令通常用于查看显示系统信息、改变终端设置和执行一些最基本的测试命令，如 ping、traceroute 等。

用户 EXEC 模式的命令状态行是 Switch>。

其中的 Switch 是交换机的主机名，对于未配置的交换机，其默认的主机名是 Switch。在用户 EXEC 模式下，直接输入？并回车，可获得在该模式下允许执行的命令帮助。

```
Switch>?
```

（2）特权 EXEC 模式。

在用户 EXEC 模式下，执行 enable 命令，将进入特权 EXEC 模式。在该模式下，用户能够执行 IOS 提供的所有命令。特权 EXEC 模式的命令状态行为 Switch#。

```
Switch>enable
Password:
Switch#
```

在启动配置中，如果设置了登录特权 EXEC 模式的密码，系统会提示输入用户密码，密码输入时不回显，输入完毕按回车，密码校验通过后，即进入特权 EXEC 模式。若进入特权 EXEC 模式的密码未设置，则不会要求用户输入密码。

```
Switch>enable
Switch#
```

若要设置或修改进入特权 EXEC 模式的密码，则配置命令为 enable secret。

在特权模式下键入 ?，可获得允许执行的全部命令的提示。离开特权模式，返回用户模式，可执行 exit 或 disable 命令。

```
Switch#?
Switch# disable  或 exit
Switch>
```

重新启动交换机，可执行 reload 命令。

```
Switch#reload
```

（3）全局配置模式。

在特权模式下，执行 configure terminal 命令，即可进入全局配置模式。在该模式下，只要输入一条有效的配置命令并回车，内存中正在运行的配置就会立即生效。该模式下的配置命令的作用域是全局性的，即对整个交换机起作用。

全局配置模式的命令状态行为如下。

```
Switch#config terminal
Switch（config）#
```

在全局配置模式下还可进入接口配置、Line 配置等子模式。从子模式返回全局配置模式，执行 exit 命令；从全局配置模式返回特权模式，执行 exit 命令；若要退出任何配置模式，直接返回特权模式，则要直接执行 end 命令或按 Ctrl+Z 组合键。

若要设置或修改进入特权 EXEC 模式的密码为 123456，则在全局模式下使用 enable secret 命令。

```
Switch>enable
Switch#config terminal
Switch（config）#enable secret 123456
```

或者

```
Switch（config）#enable password 123456
```

其中，enable secret 命令设置的密码在配置文件中是加密保存的，强烈推荐采用该方式；而 enable password 命令所设置的密码在配置文件中是采用明文保存的。

此时，用户再进入特权模式时，需要输入密码。

```
Switch>enable
Password:
Switch#
```

若要设交换机名称为 Switch1，则可使用全局模式下的 hostname 命令来设置，其配置命令如下。

```
Switch（config）#hostname Switch1
Switch1（config）#
```

对配置进行修改后，为了使配置在下次掉电重启后仍生效，需要将新的配置保存到 NVRAM 中，其配置命令如下。

```
Switch1（config）#exit
Switch1#write
```

（4）接口配置模式。

在全局配置模式下执行 interface 命令，即可进入接口配置模式。在该模式下，可对选定的接口（端口）进行配置，并且只能执行配置交换机端口的命令。接口配置模式的命令行提示符为 Switch1（config-if）#。

若要设置 Cisco Catalyst 2950 交换机的 0 号模块上的第 3 个快速以太网端口的通信速度为 100Mb/s，全双工方式，则配置命令如下。

```
Switch1（config）#interface  fastethernet 0/3
Switch1（config-if）#speed 100
Switch1（config-if）#duplex full
Switch1（config-if）#end
Switch1#write
```

（5）Line 配置模式。

在全局配置模式下，执行 line vty 或 line console 命令，将进入 Line 配置模式。该模式主要用于对虚拟终端和控制台端口进行配置，其配置主要是设置虚拟终端和控制台的用户级登录密码。

Line 配置模式的命令行提示符为 Switch1（config-line）#。

交换机有一个控制端口，其编号为 0，通常利用该端口进行本地登录，以实现对交换机的配置和管理。为安全起见，应为该端口设置登录密码，设置方法如下。

```
Switch1#config terminal
Switch1（config）#line console 0
Switch1（config-line）#?
exit          exit from line configuration mode
login         Enable password checking
password      Set a password
```

从帮助信息可知，设置控制台登录密码的命令是 password，若要启用密码检查，即使所设置的密码生效，则应执行 Login 命令。退出 Line 配置模式时，执行 exit 命令。

设置控制台登录密码为 654321，并启用该密码，则配置命令如下。

```
Switch1#config terminal
Switch1（config）#line console 0
Switch1（config-line）#password  654321
Switch1（config-line）#login
Switch1（config-line）#end
Switch1#write
```

设置该密码后，以后利用控制台端口访问交换机时，就会先询问并要求输入该登录密码，密码校验成功后，才能进入交换机的用户 EXEC 模式。

交换机支持多个虚拟终端，一般为 16 个（0～15）。设置了密码的虚拟终端允许登录，没有设置密码的终端不能登录。如果对 0～4 条虚拟终端线路设置了登录密码，则交换机允许同时有 5 个 Telnet 登录连接，其配置命令如下。

```
Switch1 (config)#line vty 0 4
Switch1 (config-line)#password 123456
Switch1 (config-line)#login
Switch1 (config-line)#end
Switch1#write
```

若要设置不允许 Telnet 登录，则取消对终端密码的设置即可，为此可执行 no password 和 no login 来实现。

在 Cisco IOS 命令中，若要实现某条命令的相反功能，则只需在该命令前面加 no，并执行前缀有 no 的命令即可。

为了防止空闲的连接长时间的存在，通常应给通过 Console 口的登录连接和通过 VTY 线路的 Telnet 登录连接，设置空闲超时的时间，默认空闲超时的时间是 10min。

设置空闲超时时间的配置命令为：exec-timeout 分钟数 秒数

例如，要将 VTY 0~4 线路和 Console 的空闲超时时间设置为 3min 0s，则配置命令如下。

```
Switch1#config t
Switch1 (config)#line vty 0 4
Switch1 (config-line)#exec-timeout 3 0
Switch1 (config-line)#line console 0
Switch1 (config-line)#exec-timeout 3 0
Switch1 (config-line)#end
Switch1#
```

（6）VLAN 数据库配置模式。

在特权 EXEC 模式下执行 vlan database 配置命令，即可进入 VLAN 数据库配置模式，此时的命令行提示符为 Switch1（vlan）#。

在该模式下，可实现对 VLAN 的创建、修改或删除等操作。退出 VLAN 配置模式，返回到特权 EXEC 模式时，可执行 exit 命令。

① 设置主机名：设置交换机的主机名可在全局配置模式下通过 hostname 配置命令来实现，其命令如下。

```
hostname 自定义名称
```

默认情况下，交换机的主机名默认为 Switch。当网络中使用了多个交换机时，为了以示区别，通常应根据交换机的应用场地，为其设置一个具体的主机名。例如，若要将交换机的主机名设置为 Switch1-1，则设置命令如下。

```
Switch (config)#hostname Switch1-1
Switch1-1 (config)#
```

② 配置管理 IP 地址：在 2 层交换机中，IP 地址仅用于远程登录管理交换机，交换机的正常运行不是必需的。若没有配置管理 IP 地址，则交换机只能采用控制端口进行本地配置和管理。默认情况下，交换机的所有端口均属于 VLAN 1，VLAN 1 是交换机自动创建和管理的。每个 VLAN 只有一个活动的管理地址，因此，对 2 层交换机设置管理地址之前，首先应选择

VLAN 1 接口，再利用 ip address 配置命令设置管理 IP 地址，其配置命令如下。

```
Switch (config)#interface vlan vlan-id
Switch (config-if)#ip address address netmask
```

参数说明：

vlan-id 代表要选择配置的 VLAN 号；

address 为要设置的管理 IP 地址，netmask 为子网掩码。

interface vlan 配置命令用于访问指定的 VLAN 接口。2 层交换机，如 2900/3500XL、2950 等没有 3 层交换功能，运行的是 2 层 IOS，VLAN 间无法实现相互通信，VLAN 接口仅作为管理接口使用。若要取消管理 IP 地址，则可执行 no ip address 配置命令。

（7）配置默认网关。

为了使交换机与其他网络通信，需要给交换机设置默认网关。网关地址通常是某个 3 层接口的 IP 地址，该接口充当路由器使用。设置默认网关的配置命令如下。

```
Switch1 (config)#ip default-gateway gatewayaddress
```

在实际应用中，2 层交换机的默认网关通常设置为交换机所在 VLAN 的网关地址。假设 Switch1 交换机为 192.168.168.0/24 网段的用户提供接入服务，该网段的网关地址为 192.168.168.1，则设置交换机的默认网关地址的配置命令如下。

```
Switch1 (config)#ip default-gateway 192.168.168.1
Switch1 (config)#exit
Switch1#write
```

对交换机进行配置修改后，不能忘记在特权模式下执行 write 或 copy run start 命令，对配置进行保存。若要查看默认网关，可执行 show ip route default 命令。

（8）查看交换机信息。

对交换机信息的查看，可使用 show 命令来实现。

① 查看 IOS 版本：查看命令如下。

```
show version
```

② 查看配置信息：要查看交换机的配置信息，需要在特权模式下运行 show 命令，其查看命令如下。

```
Switch1#show running-config    ！显示当前正在运行的配置
Switch1#show startup-config    ！显示保存在NVRAM中的启动配置
```

例如，若要查看当前交换机正在运行的配置信息，则查看命令如下。

```
Switch1#show run
```

（9）选择多个端口。

对于 Cisco 2900、Cisco 2950 和 Cisco 3550 交换机，支持使用 range 关键字来指定一个端口范围，从而实现选择多个端口，并对这些端口进行统一的配置。选择多个交换机端口的配置命令如下。

```
interface range typemod/startport - endport
```

startport 代表要选择的起始端口号，endport 代表结尾的端口号，用于代表起始端口范围的连字符 "-" 的两端，应注意留一个空格，否则命令将无法识别。

例如，若要选择交换机的第 1～24 口的快速以太网端口，则配置命令如下。

```
Switch1#config t
Switch1 (config) #interface range fa0/1 - 24
```

3. 虚拟局域网

虚拟局域网是近年来随着交换式网络的发展而形成的一种新技术。它可以按功能或应用需求对局域网加以逻辑划分，而无须考虑成员所处的地理位置。一个 VLAN 可以看作一组客户工作站和服务器的集合，这些工作站或服务器不必处于同一个物理网络上，可以不受地理位置的限制而像同一个 LAN 那样进行通信和信息交换。

1）虚拟局域网的概念

虚拟局域网是指在交换局域网的基础上，采用网络管理软件构建的可跨越不同网段、不同网络的、端到端的逻辑网络，如图 4-21 所示。一个 VLAN 组成一个逻辑子网，即一个逻辑广播域，它可以覆盖多个网络设备，允许处于不同地理位置的网络用户加入一个逻辑子网中。VLAN 是建立在物理网络基础上的一种逻辑子网，因此建立 VLAN 需要相应的支持 VLAN 技术的网络设备。当网络中的不同 VLAN 间进行通信时，需要路由的支持，要实现路由功能，可采用路由器，也可采用 3 层交换机来完成。

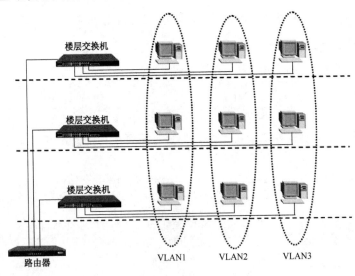

图 4-21　虚拟局域网

2）虚拟局域网的实现技术

划分 VLAN 的方法主要有以下几种：按交换机端口划分 VLAN，按 MAC 地址划分 VLAN，按网络层协议划分 VLAN，按 IP 组播划分 VLAN 等。

（1）按交换机端口划分 VLAN。

按交换机端口号划分 VLAN 是最早也是最常用的方法。最初只能在一个单独的交换机上对其各个端口划分不同 VLAN，如将某交换机的端口 1、2、3、7 组成一个 VLAN，端口 4、5、6、8 组成另一个 VLAN。后来发展为可以跨越多个交换机，对各个交换机上的不同端口进行分组，从而划分不同的 VLAN。

按端口划分 LAN 比较简单且十分有效，尤其目前在许多交换机上提供了按端口划分 VLAN 的界面，使得按端口配置 VLAN 更加方便。其缺点是在非干道模式下不能把同一个物理端口划分到不同的 VLAN 中，且当一个客户机从一个端口移动到另一个端口时，网络管理人员必须重新配置它的 VLAN 成员身份。因此，这种方法又称为 VLAN 的静态配置。

（2）按 MAC 地址划分 VLAN。

这种方法实际上就是由网络管理人员指定属于同一个 VLAN 中的各站的 MAC 地址。由于 MAC 地址是固化在网卡中的，因此基于 MAC 地址划分的 VLAN 用户在移动机器至网络中不同的物理位置时，无须网络管理人员参与，即可自动保持它原有的 VLAN 成员身份，从这个意义上讲，按 MAC 地址定义的 VLAN 又常常称为基于用户的 VLAN。在这种方式中，同一个 MAC 地址处于多个 VLAN 是没有问题的。

按 MAC 地址划分 VLAN 的一个缺点是，它要求最初所有的用户必须都被配置到至少一个特定的 VLAN 中。只有在最初对每个用户手动配置之后，才能享有自动跟踪用户物理位置变更的优点。但在大型网络中完成初始的配置并不是一件容易的事。一些厂商提供了基于网络的当前状态来按 MAC 地址划分 VLAN 的工具，如对每个 IP 子网按 MAC 地址创建 VLAN，这些工具有助于减轻繁重的初始配置工作。这种方法的另一个缺点是，当集线器组网形成的共享网段接入某个交换机的端口，而该共享网段中的成员又不属于同一个 VLAN 时，就出现了不同 VLAN 成员通过共享介质共存于同一个交换机端口的情形，这将导致性能的严重下降。另外，当基于 MAC 地址划分 VLAN 需要跨越多个交换机时，VLAN 成员信息在多个交换机之间传递也将导致 VLAN 性能下降。

（3）按网络层信息划分 VLAN。

按网络层协议划分 VLAN 一般有两种情况：一种是当支持多协议时，按网络层协议类型来划分 VLAN；另一种是当通过 TCP/IP 协议组网时，按网络层地址（即 IP 地址）划分 VLAN。

按网络层信息划分 VLAN 有许多优点。首先，它能够实现按协议类型划分 VLAN。这一点对于那些基于服务或应用考虑 VLAN 划分策略的网络管理人员是很有吸引力的。当单位中的网络协议较复杂，不仅有基于 TCP/IP 协议的网络，还有基于 IPX、AppleTalk 等协议的网络时，这种划分方法具有优越性；其次，用户可以自由地移动机器而无须对网络地址进行重新配置；最后，采用第三层信息定义 VLAN 时，VLAN 成员身份在交换机之间的传递信息量将减少，从而降低传输负荷。

同前两种方法相比，根据网络层信息划分 VLAN 的缺点是性能较低。按 MAC 地址或端口划分 VLAN 时，只需检查帧头部信息中的 MAC 地址，而按网络层信息划分 VLAN 需要检查封装在帧的数据区中的分组信息，如协议类型和 IP 地址，这显然要花费更多的处理时间。因此，使用网络层信息进行 VLAN 划分的交换机一般比使用第二层信息的交换机慢。

（4）按 IP 组播划分 VLAN。

按 IP 组播划分 VLAN 代表着一种不同的划分 VLAN 的定义方式。各站点可自由地动态决定参与到哪一个或哪些 IP 组播组中。一个 IP 组播组用一个 D 类 IP 地址表示，当向一个组播组发送 IP 报文时，此报文将被传送到此组播组中的各个站点处。从这个意义上讲，可以将一个 IP 组播组看作一个按 IP 组播划分的 VLAN。

IP 组播组中的成员可以动态改变，因此，这种方法可以构造具有高度灵活性的、按 IP 组播划分的 VLAN。借助于路由器，这种按 IP 组播划分的 VLAN 可以很容易地扩展到广域网上。

任务规划

通过对交换机的配置，将整个公司的网络分隔成若干个 VLAN，相同部门的计算机处于同一个 VLAN，不同部门的计算机处于不同的 VLAN，公司网络被分隔成多个小的部门网络，同时，广播被限制在一定范围内，有效地控制了广播风暴的产生，网络的传输效率得以提升。

将设计部、业务部、财务部、项目部 4 个部门分别划入不同的 VLAN，实现部门网络的隔离。如图 4-22 所示，PC1～PC5 属于设计部，PC6～PC0 属于业务部，PC11、PC12 属于财务部，PC13～PC17 属于项目部。所有计算机都连接在交换机 S1 上，这里创建 4 个 VLAN，即 VLAN10、VLAN20、VLAN30 和 VLAN40，它们分别作为相应部门的办公网络，然后将计算机加入不同的 VLAN 中。

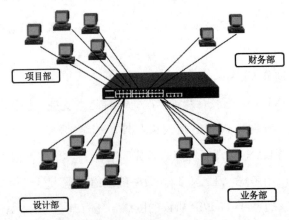

图 4-22　网络连接示意图

任务实施

根据任务规划，此案例应该按交换机端口号划分 VLAN，这是最常用的方法，只需要在交换机命令行界面中创建 VLAN 并将相应的接口加入相应的 VLAN 中即可。

```
Switch>
Switch>enable
Switch#config terminal
Switch(config)#vlan 10                                    ! 创建VLAN10
Switch(config-vlan10)#name shejibu                        ! 为VLAN10创建备注
Switch(config-vlan10)#exit
Switch(config)#vlan 20                                    ! 创建VLAN20
Switch(config-vlan20)#name yewubu                         ! 为VLAN20创建备注
Switch(config-vlan20)#exit
Switch(config)#vlan 30                                    ! 创建VLAN30
Switch(config-vlan30)#name zhangwubu                      ! 为VLAN30创建备注
Switch(config-vlan30)#exit
Switch(config)#vlan 40                                    ! 创建VLAN40
Switch(config-vlan40)#name xiangmubu                      ! 为VLAN40创建备注
Switch(config-vlan40)#exit
Switch(config)#interface ethernet0/0/1-5                  ! 选中1～5网络接口
Switch (config-if-port-range)#switchport access vlan 10
                                                         ! 将1～5网络接口加入VLAN 10
Switch(config-vlan10)#exit
Switch(config)#interface ethernet0/0/6-10                 ! 选中6-10网络接口
Switch (config-if-port-range)#switchport access vlan 20
                                                        ! 将6～10网络接口加入VLAN 20
Switch(config-vlan10)#exit
Switch(config)#interface ethernet0/0/11-12               ! 选中11-12网络接口
Switch (config-if-port-range)#switchport access vlan 30
                                                       ! 将11～12网络接口加入VLAN 30
Switch(config-vlan10)#exit
Switch(config)#interface ethernet0/0/13-27              ! 选中13～27网络接口
Switch (config-if-port-range)#switchport access vlan 40
                                                      ! 将13～27网络接口加入VLAN 40
Switch(config-vlan10)#exit
```

任务总结

VLAN 具有控制网络的广播风暴、确保网络安全、简化网络管理的优点，因此广泛应用于网络中。基于端口的 VLAN 划分是最简单、最有效的划分方法。该方法只需网络管理员对网络设备的交换机端口进行重新分配即可，不用考虑该端口所连接的设备。VLAN 对于网络使用者来说是完全透明的，用户感觉不到使用时与交换式网络有何差别。局域网通过使用 VLAN 划分技术，在安全性和稳定性方面都有了很大的提升，为各种业务的开展提供了可靠的保证。总之，VLAN 技术在网络管理中的重要性是不容忽视的。

 小结

本章主要介绍了局域网组建技术，通过两个工作任务介绍了对等网络的组建和可管理网络的组建技术，涉及交换机的基本配置。

局域网是人们日常生活中可以接触到的网络形式。很多人对网络的理解就是自己的计算机能够连接到因特网中，而不知道因特网是由全世界大大小小的局域网连接而成的，连接因特网的时候几乎都是通过局域网来进行的。局域网通常认为是 10km 地理范围内的网络形式，通常属于一个单位所有，具有传输速率高、易维护等特点，通常使用星形拓扑来组建，其网络构建模式通常有 3 种：对等网、基于服务器和客户机/服务器的网络模式。常用的局域网类型有以太网、快速以太网等，平常接触的基本上都是使用以太网技术构建的局域网。

平时所见的网络均为可管理的网络，网络管理人员通过交换机对网络进行管理，在交换机上可以通过将端口配置到不同的 VLAN 中，实现网络的隔离。虚拟局域网技术是指在交换局域网的基础上，采用网络管理软件构建的可跨越不同网段、不同网络的、端到端的逻辑网络，是网络构建时使用比较多的一种技术，它本身并不是一种网络形式，而属于应用技术的范畴。交换机的配置模式有多种，可根据需要选择不同的配置模式。

习 题

一、简答题

1. 局域网的主要技术特征是什么？

2. 常见的局域网主要有哪几种类型？

3. 什么是对等网？其主要特点是什么？

4. 什么是虚拟局域网？其主要优点有哪些？

5. 有以下命令行：

```
Switch1（config）#interface  fastethernet 0/13
Switch1（config-if）#speed 100
Switch1（config-if）#duplex full
Switch1（config-if）#end
Switch1#write
```

最一条命令 write 指将配置的内容存储到交换机的什么地方？

6. 在特权模式下，可以修改交换机的名称吗？

7．交换机的配置线的线序与普通网线有区别吗？

8．新的二层交换机如果不对其进行配置，则默认的 VLAN 是什么？

二、操作练习

1．群力咨询公司有 5 个部门：经理室、市场部、调研部、策划部、财务部。公司现有办公计算机 20 台，市场部和财务部各有一台打印机，财务部的打印机不能提供给其他部门的员工使用。公司想组建一个对等办公网络，请为他们设计一个方案。

2．假设某企业有 2 个主要部门：销售部和技术部。其中，销售部的个人计算机系统分散连接在 2 台交换机上，它们之间需要进行相互通信，但为了保证数据的安全性，销售部和技术部需要进行相互隔离，现要在交换机上做适当配置来实现这一目的。

Internet 接入技术

内容导读

1992 年 2 月，美国总统在发表的国情咨文中提出：计划用 20 年时间，耗资 2000～4000 亿美元，以建设美国国家信息基础结构，作为美国发展政策的重点和产业发展的基础。倡议者认为，它将永远改变人们的生活、工作和相互沟通的方式，产生比工业革命更为深刻的影响，这就是所谓的信息高速公路（Information Highway）。信息高速公路实质上是高速信息电子网络，它是一个能给用户随时提供大量信息，由通信网络、计算机、数据库及日用电子产品组成的完备网络体系。这个信息高速公路就是今天遍布全球的互联网。

5.1 通过 ADSL 接入因特网

 情景再现

经过 3 个月漫长的装修，小王家的新房终于装修好了，一家人准备在五一假期期间乔迁新居。在新房检查时，小王发现新家的网络没有开通，于是咨询物业管理员，得知小区目前只有电信与移动两家网络接入商，通过比较小王选择了电信公司，并选择了使用 4Mb/s ADSL 接入互联网。

 背景知识

1. Internet 的接入技术

目前，Internet 接入技术非常多，既有有线的，又有无线的；可以是构建在电信网基础上的，也可以不依赖电信网。在计算机网络不发达的地区，网络接入方法主要是利用公共电话网的模拟用户线接入，采用调制解调器实现数据传输的数字化。在计算机网络发达地区，网络接入技术就有很多了。

1）电信铜缆接入

电信铜缆接入是以原有电话铜线线路为主，采用新型设备，实现新业务的接入。调制解调器拨号、综合业务数字网、数字用户环路等都属于这种类型。

在用户数字环路中又可分为非对称数字用户环路（ADSL）、高速数字用户环路（HDSL）、单线对称数字用户环路（SDSL）和甚高速数字用户环路（VDSL）等。其中，ADSL 应用最为普遍。

2）有线电视同轴电缆接入

很明显，这是利用有线电视网的一种接入方式，现在使用的比较多的是 Cable Modem。在这类接入方式中以光纤作为主干传输线路，到达用户端后再以同轴电缆分配。

3）无线接入

无线接入方式是没有物理传输介质的，通过电磁波进行数据的传输。目前，在我国最典型的无线接入就是 3G 接入、4G 接入。

无线接入主要是对有线接入进行扩充，具有灵活、快捷、方便等特点。目前无线接入在速度及费用上均不如有线接入合算，但随着技术的发展，当无线网的接入费用下降到一定程度时，它必将影响到人们的网络生活。

4）以太网接入 Internet

由于以太网协议简单，在光纤已经到小区或校园的前提下，用户只需要安装网卡即可容易地实现宽带到桌面。这里的以太网接入就是人们平常所说的宽带接入，是通过双绞线或光纤将信号接入用户桌面的。

2. xDSL 技术

DSL 技术以普通市话通信电缆作为传输介质，在不影响原有话音业务的情况下，为用户提供高达数十兆的宽带 Internet 接入业务。xDSL 是 DSL 的统称，代表了各种数字用户线传送技术，可以分为对称和非对称式传送模式，我国使用比较多的是 ADSL 技术。

1）非对称数字用户线

非对称数字用户线允许在一对双绞铜线上，在不影响现有的电话业务的情况下，进行非对称性的高速数据传输。ADSL 在一对铜线上支持上行速率 512kb/s～1Mb/s，下行速率 1～8Mb/s，有效传输距离为 3～5km。ADSL 在用户电话线上采用分离器将模拟话音信道与数字调制解调器分开，不影响话音服务。

2）高速数字用户线

HDSL 是一种对称的高速数字用户环路技术，上行和下行速率相等，通过两对或三对双绞铜线提供全双工 1.554/2.048Mb/s 的数据传输。1998 年，ITU-T 通过了关于 HDSL 的新建议 G.991.1，对本地金属线路上的高速数字用户线系统进行了详细的规范，它可以支持 640kb/s、1168kb/s、2320kb/s 三种数据传输速率，但不支持普通老式电话服务、模拟资料和 ISDN。HDSL 无中继传输距离为 4～7km。

3）对称数字用户线

对称数字用户线是 HDSL 的一个分支，有时也称为中等比特率数字用户线。SDSL 采用 2B1Q 线路编码，上行与下行速率相同，传输速率由几百千米/秒到 2Mb/s，传输距离可达 3km。SDSL 的发展趋势主要有两个：一是开发在单线对上同时传送话音与数据的 HDSL，用于小型办公室和家族办公室；二是开发具有更高传输比特率的单线对数字用户线技术。

4）速度自适应数字用户线

速度自适应数字用户线能够动态地根据所要求的线路质量调整自己的速率，为远距离用户提供质量可靠的数据网络接入手段。速度自适应数字用户线是在 ADSL 的基础上发展起来的新一代接入技术，其下行速率为 384kb/s～9.2Mb/s，上行速率为 128～768kb/s，传输距离可达 5.5km。

5）甚高速数字用户线

甚高速数字用户线是 ADSL 的发展方向，是目前最先进的数字用户技术。VDSL 通常采用 DMT 调制方式，从一对铜双绞线上实现数字双向传输，其下行速率为 13～52Mb/s，上行速率为 1.5～7Mb/s，传输距离为 300m～1.3km。VDSL 的标准化是 ITU-T 下一阶段的主要研究目的之一。

3. ADSL 接入系统

ADSL 接入系统是由局端数据利用设备、局端话音数据分离器、本地市话线路、用户端话音数据分离器和用户端数据设备组成的。

在 ADSL 接入系统中，原有的模拟话音双工通路通过局端和用户端话音数据分离器来维持。话音数据分离器由高频滤波器和低频滤波器组成，它将 ADSL 传输系统使用的线路模拟频带划分为高频段和低频段，其中高频段用于数字载波调制的数据传输通路，低频段用于原有市话线路上的话音通路。ADSL 接入系统中上行和下行数据通路的建立通过局端收发模块和用户端收发模块的初始化同步过程来完成。

话音分离器：ADSL 利用分频技术把普通电话线路传输的低频信号和高频信号分离开，其外形如图 5-1 所示。3400Hz 以下供电话使用；3400Hz 以上的高频部分供上网使用，即在同一铜线上分别传送数据和话音信号。这样可以提供高速传输，上行（从用户到网络）的低速传输可达 640kb/s，下行（从网络到用户）的高速传输可达 7Mb/s；而且在上网的同时不影响电话的正常使用。而分离器的作用就是将 ADSL 电话线路中的高频信号和低频信号分离开，将高频数据信号送到 Modem 接口，将低频话音信号送到电话机。

图 5-1　话音分离器

 任务规划

1. 因特网接入账号的申请

现在的互联网服务商有很多家，如电信、联通、移动等。因为各个小区的互联网服务商的网络覆盖情况不一样，所以在申请网络账号时，需要知道自己居住的地区处于哪些互联网服务商的网络覆盖范围内；再综合考虑互联网服务商的服务质量与接入费用进行选择。

一般来说，开通宽带接入账号时，需带上身份证至相应的互联网服务商的营业厅办理开通因特网接入申请，在提交申请之后，ISP 会分配一个可以接入因特网的账号和密码。

2. 硬件的准备

ADSL 接入使用到的硬件非常少，通常有 ISP 提供的话音分离器、ADSL Modem 和电话线及一条网线，使用者只需要准备一台带有网络接口的计算机即可。

任务实施

1. 物理连接

按照图 5-2 将相关硬件通过线缆连接起来，实物如图 5-3 所示。

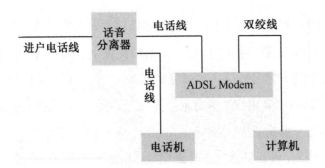

图 5-2　用户端连接示意图

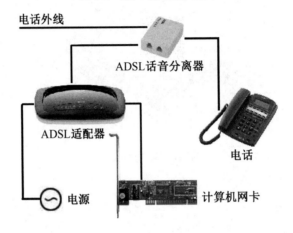

图 5-3　用户端连接实物图

2. 设置 PPPoE 拨号的网络连接

对于不同的地区来说，接入因特网有可能采用的是 ADSL 方式或光纤进入小区等多种接入技术，虽然接入技术有所差异，但是目前互联网服务商普遍采用 PPPoE 协议来实现对每个接入账号的控制与计费，所以，虽然采用不同方式接入，但是基本上都需要进行 PPPoE 拨号连接。

以 Windows XP 为例，在拥有一个合法的因特网接入账号和将专门的线路连接到自己的计算机网卡后，可以按如下步骤来进行 PPPoE 拨号连接的设置。

（1）运行创建连接的向导。右击"网上邻居"图标，在弹出的快捷菜单中选择"属性"选项，打开"网络连接"窗口，如图 5-4 所示。

在窗口左侧单击"创建一个新的连接"超链接，启动新建连接向导。

（2）创建一个新的连接。启动新建连接向导后，可按照提示，逐步完成 PPPoE 拨号连接的配置。

图 5-4　"网络连接"窗口

在如图 5-5 所示的"网络连接类型"对话框中选中"连接到 Internet"单选按钮，明确连接的对象是因特网，并单击"下一步"按钮。

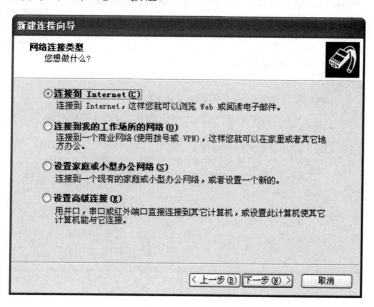

图 5-5　网络连接类型选择

在如图 5-6 所示的对话框中选中"手动设置我的连接"单选按钮，并单击"下一步"按钮。

在如图 5-7 所示的对话框中选中"用要求用户名和密码的宽带连接来连接"单选按钮，并单击"下一步"按钮。

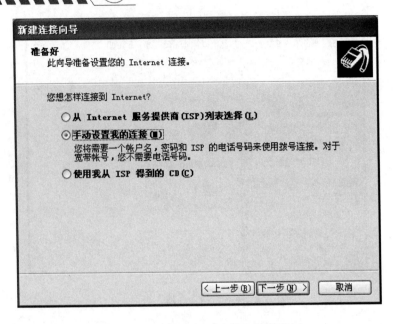

图 5-6 选择连接到 Internet 的配置方式之一

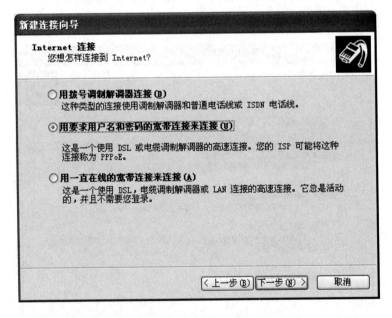

图 5-7 选择连接到 Internet 的配置方式之二

　　在如图 5-8 所示的对话框中，填写 ISP 的名称，如果有多个 PPPoE 拨号的账号，则可以通过这里填写的文字来区别。一般情况下，当只有一个 PPPoE 账号时，可以按图 5-8 随意填写内容。填写完毕后单击"下一步"按钮。

　　在如图 5-9 所示的对话框中填入申请接入时由互联网服务商提供的用户名与密码，建议在连接向导最后一页中选择"在我的桌面上添加一个到此连接的快捷方式"。

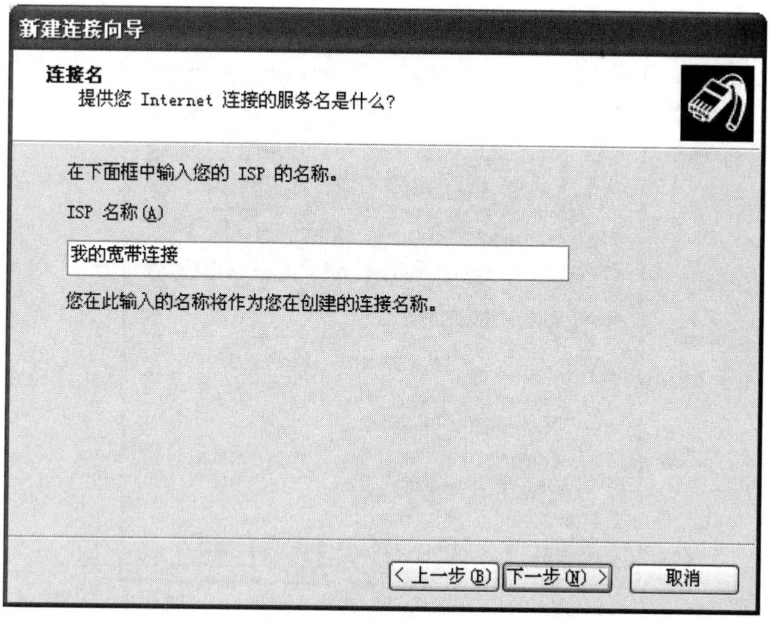

图 5-8　指定 ISP 名称

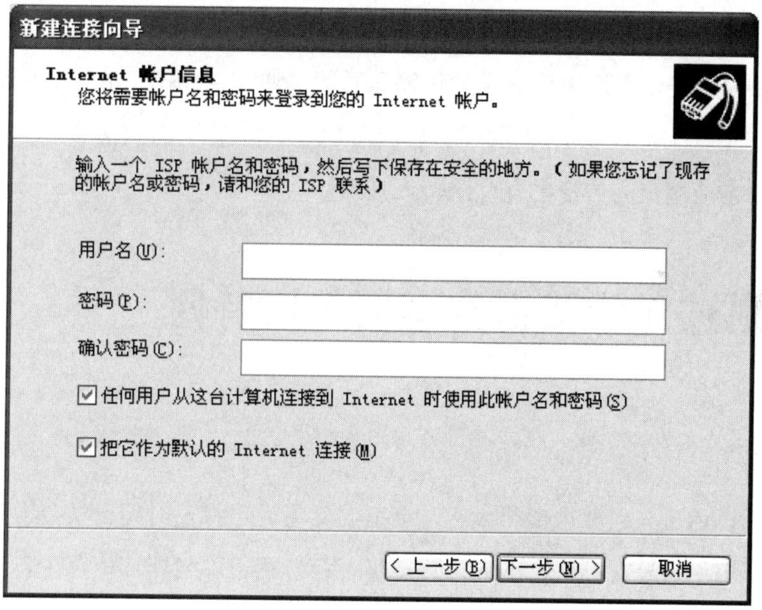

图 5-9　填写用户名与密码

（3）运行创建的宽带连接，如图 5-10 所示。

在"网络连接"窗口与桌面上均会出现刚刚创建的"我的宽带连接"图标，双击该图标，打开连接，打开一个宽带连接登录窗口，输入相应的用户名和密码，单击"连接"按钮即可将该计算机接入因特网。

图 5-10　PPPoE 的拨号窗口

任务总结

ADSL 接入技术是以普通电话线作为传输介质的，通过 ADSL Modem 的连接，可实现下行 8Mb/s 以上和上行 1Mb/s 以上的互联网连接。ADSL 技术使用的设备非常简单，连接与设置比较方便，是目前应用最为广泛的互联网接入技术。

5.2　通过无线路由共享接入因特网

情景再现

搬入新居后，由于与老邻居离得太远，小王的父母为了打发时间，学会了网上麻将。两个人还争夺起了计算机。没有办法，小王只好又买了两台笔记本式计算机，在家里配置了无线路由，终于解决了问题。

背景知识

1. 无线局域网

无线局域网（Wireless Local Area Network，WLAN）是计算机网络与无线通信技术相结合的产物，移动通信技术的飞速发展也为无线接入提供了基础。WLAN 可提供移动接入的功能，一般采用红外线和无线电射频技术，而射频技术使用得更多一点，因为其覆盖范围更广、传输速率更高。许多无线局域网使用 2.4GHz 波段,该波段在全球范围内是可以自由使用的。

1)无线局域网的标准

目前无线局域网仍处于众多标准共存时期,不同的标准有不同的应用。主要的无线局域网标准有 IEEE 802.11 协议簇、蓝牙协议、HomeRF 等。

IEEE 802.11 标准中有 IEEE 802.11b 和 IEEE 802.11g 两个标准。IEEE 802.11b 技术适合企业用户使用,最高传输速率可达到 11Mb/s,能根据传输距离自动调整到 5.5Mb/s、2Mb/s、1Mb/s 等速率,最大传输距离为 150m,通过增加发射功率可以达到 300m。802.11g 标准是为 802.11b 提速而设计的,传输速率为 22Mb/s。

红外线技术是指波长为 850~950nm 的红外线在室内传输数据,速率为 1~2Mb/s。红外线技术的最大优点是不受无线电的干扰,且红外线的使用不受国家无线管理委员会的限制。一般家电遥控器大多采用红外线技术。但红外线对非透明物体的穿过性极差,因此传输距离受限制,大多情况下只在单个房间内使用。

蓝牙协议是低带宽、短距离、低功耗的数据传输技术,用于手机、笔记本式计算机等设备中。蓝牙协议和 IEEE 802.11b 可以同时工作。

HomeRF 标准的传输速率为 10Mb/s,集成了话音和数据传输技术。但 HomeRF 标准和 IEEE 802.11b 在一起使用时,无线传输会互相干扰。

2)无线局域网的用途

无线局域网节点之间的连接不需要电缆,在组建、使用和扩充时十分方便灵活。其主要用途有以下 4 个方面。

(1)扩充有线局域网:通过无线访问点可以把无线局域网接入有线局域网,特别是需要把局域网的范围扩大到一些电缆布线不便的场所时,这种连接方式尤为必要。

(2)连接建筑物之间的局域网:被连接的局域网可以是有线的,也可以是无线的。当两建筑物被河流、高速公路等隔开时,使用无线连接两建筑物之间的局域网是一种明智的选择。

(3)实现漫游访问:漫游访问是指为带无线网卡的笔记本式计算机等移动设备提供到有线局域网的连接。移动节点可能通过不同的访问点接入有线网。

(4)构建临时网:一个临时需要的对等网络使用无线网络来实现会比较方便,如学术会议论文交流、交易会产品信息互通。把参与者的计算机连接到一个临时的网络上,会议结束后网络自然撤除即可。

3)无线局域网传输技术

常用无线局域网传输技术有两种:红外线辐射传输技术和扩展频谱技术。无线局域网中最具发展前景的、目前使用最广泛的就是扩展频谱技术。

（1）红外线辐射传输技术。

红外线辐射技术的特点：红外线的波长比光谱颜色波的波长要长，但比无线电波的波长短得多，在大多数有光的地方，人眼是看不到红外线的。红外线不能穿透诸如墙壁等不透明物体，所以往往通信距离较短，但可以保护数据信号，比较适用于近距离点对点传输速率较高的环境。但是，由于自身覆盖范围的限制，红外线并不适用于移动连接。

常见的基于红外线的无线局域网有两种：一种是漫射红外线无线局域网，另一种是点对点红外线无线局域网。

① 漫射红外线无线局域网：一直以来，人们可能都在使用漫射红外线设备——电视遥控器，它使用户在一定距离内操作电视机而无须连线。当按下遥控器的一个按钮后，相应的编码调制红外线信号就会传输到电视机，电视机接收到信号后，执行相关的功能。基于红外线的局域网的道理也是如此，主要区别是后者以较高的功率利用红外线并使用通信协议来传输数据。在房间里，天花板、四周的墙壁都会成为反射点，所以在这种方式下，信号的传输依赖于天花板和墙壁，如图 5-11 所示，所以漫射红外线无线局域网不能在室外操作。

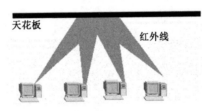

图 5-11　基于漫射红外线的无线局域网

② 点对点红外线无线局域网：在点对点红外线无线局域网中包含一对收发器，一个用于发送，一个用于接收。目前，这种点对点红外线无线局域网技术运用并不是很多。

（2）扩展频谱技术。

扩频就是把要传送的窄带信号扩展到比原频带宽得多的频带上，使其功率频谱密度大大降低，将信号淹没在噪声中。在接收端，用相关接收的方法将宽带信号恢复成窄带信号。扩展频谱技术目前在无线局域网中应用较广。

在现有的无线局域网中，大都采用扩频技术，以此来提高系统性能，满足对系统提出的各种要求。采用比较多的扩频方式是直接序列和跳频。

直接序列扩展频谱技术是目前应用较广的一种扩频方式。直接序列扩频系统将要发送的信息用伪随机码（PN 码）扩展到一个很宽的频带上，在接收端用与发射端扩展用的相同的伪随机码对接收到的扩频信号进行相关处理，恢复为发送的信息。对干扰信号而言，由于与伪随机码不相关，在接收端被扩展，使落入信号通频带内的干扰信号功率大大降低了，从而达到了抗干扰的目的。

跳频扩展频谱技术先发送数字信号，然后用载波信号调制，载波信号在一个很宽的频带上从一个频率跳变到另一个频率。两种扩频方式相比，如果网络所需的带宽为 2Mb/s 或更小，则跳频是无线局域网中性能价格比最可取的，直接序列具有更大的潜在数据速率，对于要求更高带宽的应用来讲是最好的选择。

扩展频谱技术备受重视，它使无线局域网的抗干扰能力、多址功能、安全保密性能、抗多径干扰性能大大提高了，为无线局域网的推广和应用奠定了基础。

2．无线局域网设备

一般来说，组建无线局域网需要用到的设备包括无线接入点、无线路由器、无线网卡和天线。

1）无线接入点

无线接入点（Access Point，AP）也被称为无线访问点，它是大多数无线网络的中心设备。无线路由器、无线交换机和无线网桥等设备都是无线接入点定义的延伸，因为它们提供的最基础作用仍是无线接入。AP 在本质上是一种提供无线数据传输功能的集线器，它在无线局域网和有线网络之间接收、缓冲存储和传输数据，以支持一组无线用户设备。接入点通常通过一根标准以太网线连接到有线主干线路上，并通过内置或外接天线与无线设备进行通信，无线 AP 通常只有一个网络接口，如图 5-12 所示。

图 5-12　无线 AP

2）无线路由器

无线路由器是一种带路由功能的无线接入点，它主要应用在家庭及小企业中。无线路由器具备无线 AP 的所有功能，如支持 DHCP、防火墙，支持 WEP/WPA 加密等，还包含路由器的部分功能，如网络地址转换功能，通过无线路由器能够实现跨网段数据的无线传输，如实现 ADSL 或小区宽带的无线共享接入。

无线路由器通常包含一个若干端口的交换机，可以连接若干台使用有线网卡的计算机，从而实现有线和无线网络的顺利过渡，如图 5-13 所示。

图 5-13　无线路由器

3）无线网卡

使用无线网络接入技术的网卡可以统称为无线网卡，它们是操作系统与天线之间的接口，用来创建透明的网络连接。其接口一般有 USB、PCI、PCMCIA 和 MINI-PCI、CF/CFII 等形式，如图 5-14～图 5-16 所示。

图 5-14　USB 接口的无线网卡

图 5-15　PCI 接口的无线网卡

图 5-16　PCMCIA 接口无线网卡

Mini-PCI 无线网卡即是笔记本式计算机中内置的无线网卡，目前大多数笔记本式计算机使用了这种无线网卡，如图 5-17 所示。其优点是无须占用 PC 卡或 USB 插槽，老款的笔记本式计算机是直接将芯片焊接在主板上的。

CF 无线网卡是应用在 PDA、PPC 等移动设备或终端上的网卡，其特点是体积很小且可直接在设备上插拔，如图 5-18 所示。目前的 CF 卡一般使用 Type II（CFII）接口。

4）无线天线

无线天线相当于一个信号放大器，主要用来解决无线网络传输中因传输距离、环境影响等造成的信号衰减。与接收广播电台时在增加天线长度后声音会清晰很多一样，无线设备（如 AP）本身的天线由于国家对功率有一定的限制，它只能传输较短的距离，当超出这个有限的距离时，可以通过外接天线来增强无线信号，达到延伸传输距离的目的。

图 5-17　Mini-PCI 无线网卡

图 5-18　CF 无线网卡

3. 无线局域网的组网方式

无线局域网采用单元结构，将各个系统分成许多单元，每个单元称为一个基本服务组，服务组的组成结构主要有两种形式：无中心拓扑结构和有中心拓扑结构。

无中心拓扑结构如图 5-19 所示，网络中任意两个站点间均可直接通信，一般采用公用广播信道，各站点可竞争公用信道，而信道接入控制协议大多采用 CSMA 类型的多址接入协议，一般适用于较小规模的网络。

有中心网络拓扑结构如图 5-20 所示，网络中要求有一个无线站点作为中心，其他站点通过中心 AP 进行通信。此种拓扑结构的网络抗毁性差，中心站点的故障易导致整个网络恩典瘫痪。

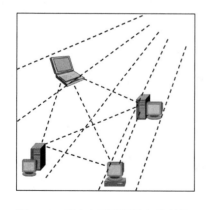

图 5-19　无中心无线网络拓扑结构

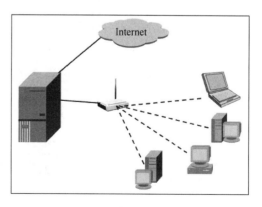

图 5-20　有中心网络拓扑结构

在实际无线网络组网中，常常将无线网络与有线主干网络结合起来，中心站点充当无线网络与有线主干网的桥接器，如图 5-21 所示。

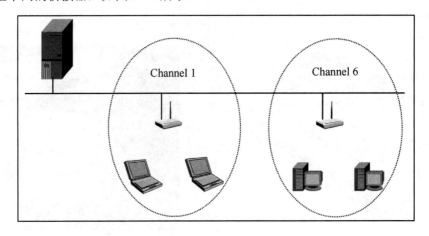

图 5-21　无线网络与有线主干网络结合起来

📋 任务规划

1. 购置无线接入设备

现在家用的无线接入设备主要为无线路由器，带宽从 150Mb/s 到 1300Mb/s 不等，正常情况下，使用 300Mb/s 或 450Mb/s 带宽的即可。由于无线路由器为成熟的产品，品牌上不做特殊推荐，根据各人喜好购买即可。

2. 硬件连接

选购好所有设备后，需要将这些设备连接起来。对于采用无线路由器作为网络连接设备来说，各设备的互连可参考如图 5-22 所示的拓扑结构。ADSL Modem 网络接口引出的网线连接到无线路由器的"WAN 口"上即可。

图 5-22　无线网络拓扑结构

任务实施

1. 连接无线路由器

因为各计算机是通过无线路由器接入网络的，所以首先应配置无线路由器。无线路由器的背面有一个标签，上面标注了该路由器的管理地址、管理账号和账号密码等信息，如图 5-23 所示，该无线路由器初始的管理地址是 192.168.1.1，用户名是 admin，密码是 admin。

图 5-23　路由器初始配置信息

给无线路由器加上电源，打开笔记本式计算机的无线网络功能，就可以搜索到该无线信号，将计算机的 IP 地址配置成与无线路由同一网段的地址，如图 5-24 所示，即可接入无线路由器对其进行配置。

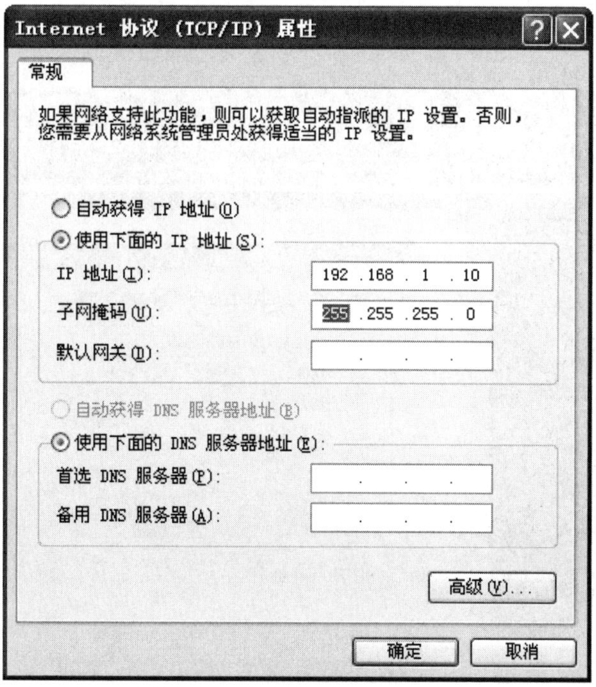

图 5-24　设置 IP 地址

2. 登录并配置无线路由器

打开浏览器，在地址栏中输入路由器的管理地址 192.168.1.1，按回车键，在图 5-25 所示的对话框中输入用户名与密码。

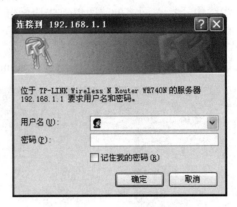

图 5-25　无线路由器登录对话框

选择"无线设置"→"基本设置"选项，打开"无线网络基本设置"对话框，设置无线网络的名称（即 SSID）、信道、模式、频段带宽，并勾选"开启无线功能"和"开启 SSID 广播"复选框，单击"保存"按钮，保存设置的无线参数信息，如图 5-26 所示。

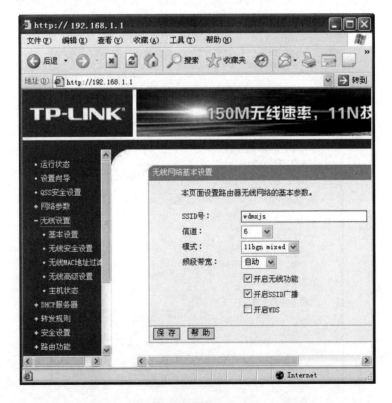

图 5-26　配置无线路由器的无线工作参数

3. 配置 DHCP 服务

选择"DHCP 服务器"→"DHCP 服务"选项，进入如图 5-27 所示的"DHCP 服务"配置界面，启用 DHCP 服务，并设置地址池的范围，单击"保存"按钮保存所设信息，如图 5-27 所示。

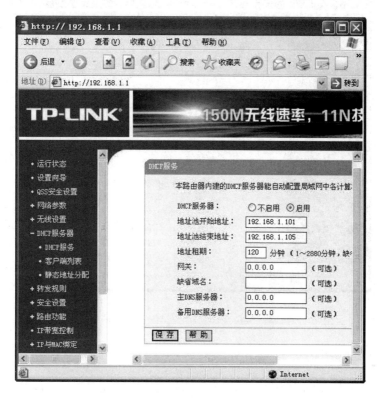

图 5-27　配置 DHCP 服务

4. 配置 WAN 端口

选择"网络参数"→"WAN 口设置"选项，在如图 5-28 所示的配置界面中指定 WAN 口连接类型为"PPPoE"，并输入用户名与密码，其他项目可使用默认配置。

此时，无线路由器的基本设置已经完成，并启用了无线连接功能和 DHCP 服务（自动为所接计算机配置 IP 地址的服务），各连接计算机无须再配置任务地址即可轻松接入网络（本任务中的两台笔记本式计算机只需要开启无线网络功能，并搜索刚刚设置的无线网络 SSID，即可自动与无线路由器相连）。

在本任务中，由于网络内的计算机数量较少，DHCP 服务器的地址池配置为 192.168.1.101～192.168.1.105，如果接入网络的客户端较多，则可以考虑将地址池范围扩大。

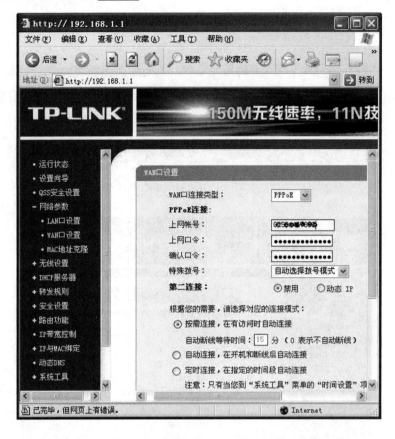

图 5-28　路由器的 WAN 端口配置

任务总结

　　无线网络是有线网络的一种很好的补充，随着无线网络技术的日益成熟，网络带宽的不断提高，无线网络大有取代有线网络之势。随着 3G 技术的日益成熟、4G 技术的大量应用，无线网络已经在人们的生活中取得了不可替代的作用。但日常的无线网络依然以有线网络为依托，通过无线接入设备将终端接入网络，最终数据还是通过有线网络传输的。

5.3　局域网用户通过路由器接入因特网

情景再现

　　小王工作的单位是一所国家重点职业学校，学校有 200 多名教师、3000 多名学生，学校建有校园网络，但学校只一个静态公网 IP 地址，校园网内所有的接入点均要通过该地址访问因特网，学校的网站是由学校教师自己设计制作并配置在学校服务器上的，外网用户能够通过网络访问学校的网站，学校的网络出口是电信 1000Mb/s 光纤，学校配置了企业级路由器。

背景知识

1．路由器

路由器又称网关设备，用于连接多个逻辑上分开的网络。所谓逻辑网络，是指一个单独的网络或者一个子网。当数据从一个子网传输到另一个子网时，可通过路由器的路由功能来完成。因此，路由器具有判断网络地址和选择 IP 路径的功能。路由器是互联网络的枢纽。目前，路由器已经广泛应用于各行各业，不同档次的产品已成为实现各种骨干网内部连接、骨干网间互连和骨干网与互联网互连互通业务的主力军。

企业级路由器的品牌众多，其中思科、H3C、华为较为出名。这里以思科路由器为例介绍路由器的硬件组成及其工作情况。

1）中央处理器

与计算机一样，路由器也包含了一个中央处理器，即 CPU。路由器的 CPU 负责路由器的配置管理和数据包的转发工作，如维护路由器所需的各种表格及路由运算等。路由器对数据包的处理速度很大程度上取决于 CPU 的类型和性能。

2）内存

路由器采用了以下几种不同类型的内存，每种内存以不同方式协助路由器工作。

（1）ROM：在 Cisco 路由器中的功能与计算机中的 ROM 相似，主要用于系统初始化等。

（2）闪存：可读可写的存储器，在系统重新启动或关机之后仍能保存数据。闪存中存放着当前使用的 IOS。

（3）非易失性 RAM：可读可写的存储器，用于保存启动配置文件。

（4）RAM：可读可写的存储器，但它存储的内容在系统重启或关机后将被清除。

通常，路由器启动时，首先运行 ROM 中的程序，进行系统自检和引导，然后运行闪存中的 IOS，并在非易失性 RAM 中寻找路由器的配置文件，将其装入 RAM 并启动。

2．路由器的配置方法

企业级路由器均有 Console 接口。专用配置线通过此接口与计算机的 COM 口相连，进行相关配置。路由器配置时一般需要在 IOS 提供的 CLI 命令行模式下进行。

思科路由器在第一次配置时，通常使用 PuTTY 软件按以下步骤进行连接与配置。

（1）使用专用的配置线，按图 5-29 将路由器与计算机连接起来。

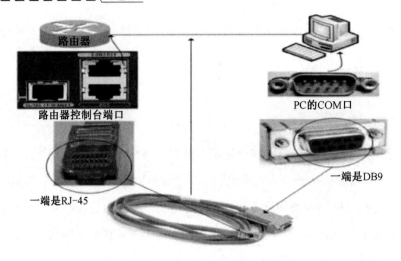

图 5-29　连接计算机与路由器

（2）打开 PuTTY 软件，如图 5-30 所示，选择下方的"串口"选项，设置正确的通信参数，波特率为 9600bps，数据位为 8，停止位为 1，奇偶校验为 None，数据流控制为 XON/XOFF，大多数路由器采用软件默认值即可。

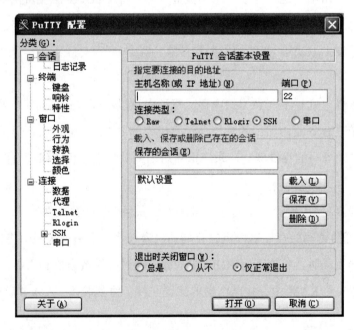

图 5-30　配置串口通信参数

（3）选择"会话"选项，在右侧的"连接类型"选项组中选中"串口"单选按钮，如图 5-31 所示。

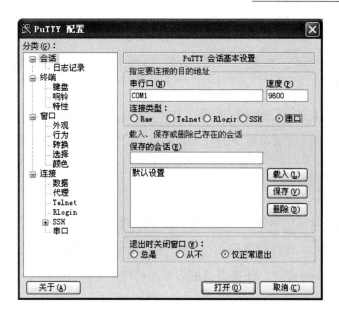

图 5-31　配置连接

单击"打开"按钮，进入命令行模式。启动路由器，如果连接成功，则将看到路由器加载信息，如图 5-32 所示。

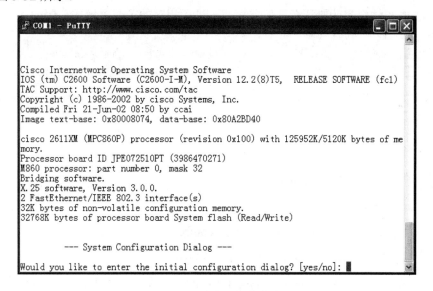

图 5-32　路由器加载信息

第一次加载时，选择 N 退出 setup 配置模式，然后即可进入命令行模式配置界面进行配置了。

3. 路由器的配置命令

路由器的配置命令在各品牌中有所不同，但网络原理是一致的。这里以思科路由器为例，常用路由器的配置命令可分为基础配置、接口、IP 地址与服务、应用协议、路由协议、安全类、QoS、组播、MPLS、链路层协议、话音等大类。思科路由器的常用用户界面有以下 3 种。

1）用户执行模式

路由器开机时进入界面的提示符是"＞"，如"Router＞"，这就是用户执行模式，也是最低级别的模式，它只允许执行有限数量的基本监视命令，该模式下不允许执行任何会改变路由器配置的命令。

2）特权执行模式

那么配置路由器时该如何做呢？此时必须进入"特权执行模式"（也就是在用户执行模式下输入"enable"命令），出现提示符"＃"，如"Router＃"。相比用户执行模式，它提供了更多的命令和权限，如 debug 命令，还提供了更为细致的测试等。

3）全局配置模式

全局配置模式是配置（全局）系统和相应的具体细节配置（如接口 IP、路由协议等）时进入的界面，在此配置的参数是影响全局的。全局配置模式要在特权执行模式下输入"configure terminal"命令。全局配置模式的提示符是"（config）＃"，如"Router（config）＃"。

而要配置的具体内容就要从全局配置模式下进入相应的子配置模式。例如：

```
Router（config-if）#              //具体的接口配置
Router（config-line）#            //line模式配置，如Console和vty
Router（config-router）#          //路由器模式，如配置路由协议时
```

由于路由器的命令繁多，因此使用"？"提示可输入的命令对初学者有极大的帮助。下面介绍几个常用命令。

（1）帮助命令：router＞。

（2）进入特权模式：router＞enable。

（3）进入全局模式：router#config terminal。

（4）查看运行配置：router＞show   running-config。

（5）设置主机名：router（config）#hostname luyou。

（6）设置特权模式密码：router（config）#enable password 123456。

（7）为接口 F0/0 设置 IP 地址：

```
router（config）#interface Fastethernet 0/0
router（config-if）#ip address 1.1.1.1 255.255.255.0
```

（8）管理性关闭/打开接口：

```
router（config-if）# shutdown                //关闭接口
router（config-if）# no shutdown             //打开接口
```

（9）启动 OSPF 进程：router（config）#router ospf 1。

任务规划

学校从宽带运营商申请的 IP 地址为 172.226.114.130，子网掩码为 255.255.255.240，网关为 172.226.114.140。学校内部使用 C 类网络，网络号为 192.168.0.0/16。要求全校师生都能使用从运营商申请的 IP 地址访问因特网，将学校网站通过路由器向互联网发布，网站服务器的 IP 地址为 192.168.100.10/24。设计的网络拓扑如图 5-33 所示。

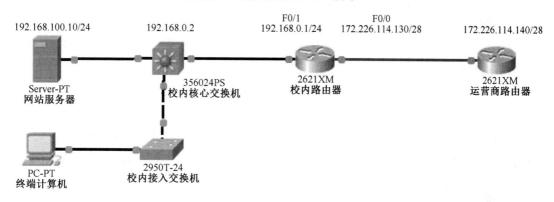

图 5-33　网络拓扑

根据网络规划设计，选购好所有设备后，根据网络拓扑将设备连接起来，其中包括校园局域网的建设部分。对于校内网络设备来说，各设备的互连可参考如图 5-33 所示的拓扑结构。其中，校内出口一般通过光缆与运营商路由器相连。

任务实施

根据网络拓扑配置路由器。进入路由器命令行界面后，可以做如下配置，以完成要求。

```
Router>                                       ！用户执行模式
Router>enable                                 ！特权执行模式
Router#>configure terminal                    ！全局配置模式
Router (config)#interface fastEthernet 0/0    ！接口模式（连接运营商的校内接口0/0）
Router (config-if)#ip address 172.226.114.130  255.255.255.240 //设置IP地址
Router (config-if)#no shutdown                 //开启接口
Router (config-if)#exit                        //退出接口模式
Router (config)#interface fastEthernet 0/1     //接口模式（连接校内核心交换机）
Router (config-if)#ip address 192.168.0.1  255.255.255.0    //设置IP地址
Router (config-if)#no shutdown                             //开启接口
Router (config-if)#exit
Router (config)#ip route 0.0.0.0 0.0.0.0  172.226.114.140   //配置默认路由
Router (config)#ip route 192.168.0.0 255.255.0.0  192.168.0.2
          //配置内部路由（其中，192.168.0.2为与路由器相连的核心交换机的IP地址）
Router (config)#interface fastEthernet 0/1
Router (config-if)#ip nat inside               //定义 F0/1 为内网接口
Router (config-if)#exit
```

```
Router（config）#interface fastEthernet 0/0
Router（config-if）#ip nat outside                //定义F0/0 为外网接口
Router（config-if）#exit
Router（config）#access-list 100 permit ip 192.168.0.0 0.0.255.255 any
                                              //定义允许转换的地址
Router（config）#ip nat inside source list 100 interface f0/0 overload
                                              //配置动态地址转换
Router（config）# ip nat inside source static tcp 192.168.100.10 80
172.226.114.130 80
                                        //配置端口映射，用于发布学校网站
```

🙍 任务总结

在本例中，实际上网络地址转换使用了网络地址转换（Network Address Translation，NAT）技术。它是指将 IP 数据包头中的 IP 地址转换为另一个 IP 地址的过程。在实际应用中，NAT 主要用于实现私有网络访问公共网络的功能。本例中使用 NAT 技术，将校内数千师生的 C 类 IP 地址转化为宽带运营商分配的 IP 地址，实现上网的目的。

 小结

本章主要介绍了 Internet 的接入技术。通过 3 个任务分别介绍了现实生活中应用最为广泛的 3 种接入技术：ADSL 接入、家用无线接入及单位通过路由器接入因特网。

ADSL 接入是目前应用非常普遍的宽带接入方式，它以普通电话线作为传输介质，通过 ADSL Modem 的连接，可实现下行高达 8Mb/s 和上行高达 1Mb/s 的互联网连接。家用无线接入是现在家庭用户接入因特网的最普遍的方法，通过对家用无线 AP 的简单配置，可以实现家庭用户的因特网接入。对于单位用户而言，通过因特网接入需求较多，现在广泛使用的技术是通过路由器或防火墙代理上网，通过对网络出口的接入设备进行必要的配置，实现局域网内部用户接入因特网的需求。

无论采用哪种接入方式，主要区别在于用户端的连接方式，用户端的设置通常是相同的，可采用自动获取 IP 地址的方式来设置。

习 题

一、简答题

1. 当前因特网的接入技术主要有哪几种？家庭使用什么方式接入因特网？

2. 谈一谈对 ADSL 技术的理解。

3. 无线局域网的主要标准有哪些？

4. 无线局域网的组网方式有哪些？

5. 路由器的内存有哪几种？

6. 路由器的常用配置模式主要有哪些？

二、操作练习

1. 小李家中有两台笔记本式计算机、一台台式计算机和三个智能手机。小李家所在的小区覆盖着电信和移动两种网络信号，他希望家里的计算机和智能手机都能 24 小时接入因特网，能够同时使用因特网的各种资源。请给出解决办法。

2. 小李单位有 200 多名员工，公司从宽带运营商申请了一个 B 类的 IP 地址 152.126.108.116，子网掩码为 255.255.255.240，网关为 152.126.108.130。单位内部使用 C 类网络，网络号为 192.168.0.0/16，单位构建了 FTP 服务器。现要求单位员工能使用从运营商申请的 IP 地址访问因特网，单位员工可以通过外网访问内部的 FTP 服务器，FTP 服务器的 IP 地址为 192.168.100.10/24。请给出解决方案。

网络安全技术

内容导读

　　古希腊传说中有这样一个故事：特洛伊王子帕里斯访问古希腊，诱走了古希腊的王后海伦，古希腊人因此远征特洛伊。古希腊人围攻了 9 年，也没有攻下特洛伊城，第 10 年，古希腊将领奥德修斯想到了一个计策，他把一批勇士埋伏在一匹巨大的木马腹内，放在特洛伊城外，然后佯作退兵。特洛伊人以为敌兵已退，就把木马作为战利品搬入城中。到了夜间，埋伏在木马中的勇士跳了出来，打开了城门，古希腊将士一拥而入攻下了城池。后来，人们在写文章时，常用"特洛伊木马"这一典故来比喻在敌方营垒里埋下伏兵里应外合的活动。而现在就有一些人喜欢通过网络在他人的计算机中放入这样的间谍程序，以获取他人计算机中的资源，给网络安全带来了隐患。

6.1　使用系统自带工具防护计算机

情景再现

　　小王发现在公司中有时候无法正常上网，访问网上邻居时也会产生类似情况，复制文件无法完成。如果用抓包软件抓取网络数据包，则会发现局域网内的 ARP 包暴增，使用 ARP 查询的时候会发现不正常的 MAC 地址，或者错误的 MAC 地址对应，有时一个 MAC 地址对应多个 IP 地址的情况也会出现。

背景知识

1. 网络中存在的威胁

1）黑客攻击

谈到网络安全，很容易联想到网络中神秘的一群人——黑客。现在对黑客这个名词的普遍解释是，具有一定计算机软件和硬件方面的知识，通过各种技术手段，对计算机和网络系统的安全构成威胁的人或组织。

最早期的黑客行为是电话入侵技术，在电话普及初期，昂贵的电话费用不是一般人能承受的，于是一些对电话技术了解颇多的人发明了一些电子装置，用以免费打电话。

随着计算机系统的产生和发展，一些专业技术人员开始深入探索系统上存在着的种种漏洞，尝试用自己的方式修补这些漏洞，并公开自己的发现。早期，这些被称为黑客的人热衷于解决难题、钻研技术，并乐于同他人共享成功，他们寻找网络漏洞、入侵主机，纯粹是技术上的尝试，绝不会进行资料窃取和破坏。这些黑客主要为了追求自己技术上的精进，对计算机全身心投入，为计算机技术的发展做出了很大的贡献，现在使用的很多软、硬件技术都是黑客发明的。

但是，随着网络的普及，黑客技术不断发展，队伍不断壮大，黑客的组成和社会内涵发生了巨大的变化，有些黑客开始尝试利用自己的技术获取限制访问的信息，甚至有人怀着私利侵入远程主机、篡改和破坏重要数据，从此，黑客渐渐成为入侵者、破坏者的代名词。

很多人认为，黑客是技术高超的神秘人物，离自己很遥远，自己或者公司的网络系统中没有什么值得获取或破坏的信息，不必担心他们的攻击。这种想法在多年以前可能没有错，但随着网络上黑客技术文档和黑客工具的泛滥，只要愿意，没有计算机网络基础的外行也能很熟练地运用这些工具，成为可怕的入侵者。

常见的黑客攻击行为有：入侵系统篡改网站、设置后门以便以后随时侵入、设置逻辑炸弹和木马、窃取和破坏资料、窃取账号、进行网络窃听、进行地址欺骗、进行拒绝服务攻击而造成服务器瘫痪等。

2）病毒

计算机病毒是指那些具有自我复制能力的特殊计算机程序，它能影响计算机软、硬件的正常运行，破坏数据的正确与完整，影响网络的正常运行。病毒常常是附着于正常程序或文件中的一小段代码，随着宿主程序在计算机之间的复制不断传播，并在传播途中感染计算机上所有符合条件的文件。

计算机病毒也是程序，程序要发挥作用必须要运行，病毒要获得复制自身、感染其他文件并最后发作的能力，首先要将自身激活，并驻留内存，这个过程称为病毒的引导。不同类型的病毒，其引导方式各不相同。早期，有些病毒将自身躲藏于磁盘的主引导扇区中，既能躲避病毒查杀程序的搜索，又能在系统启动时自动加载。大部分病毒是隐藏在可执行文件中的，只要可执行文件一被运行，病毒就得以引导。也有些病毒是躲藏在文档和媒体文件中的，如宏病毒隐藏在具有宏功能的文档中，在宏被执行时，病毒被激活。在 Windows 操作系统流行后，很多病毒隐藏在 Windows 系统文件中，随 Windows 系统启动而引导，由于 Windows 系统文件在系统运行过程中无法改写和删除，因此，此类病毒很难被查杀。

病毒由一个载体传播到另一个载体，由一个系统进入另一个系统的过程被称为传染。不同类型的病毒，其传染方式各不相同。早期，文件病毒通过驻留内存，截获对磁盘的调用命令，如列目录、运行文件、创建文件，然后通过更改指令将自身的副本悄悄写入磁盘上特定类型的文件中，当这些文件在计算机之间复制时，病毒也随之感染途经的所有未设防的计算机。

大部分病毒平时潜伏于系统中，不将自己暴露出来，只是不断复制自身，感染更多的计算机。当特定的条件满足时，病毒会被触发，称为病毒的发作。病毒发作的情况各不相同，有些病毒只是在屏幕上显示特定的图像和文字，没有太大的破坏作用。而有些病毒则会造成系统死机，或破坏和删除磁盘上的文件，甚至破坏磁盘分区表，使得整个计算机系统崩溃，在某些条件下，病毒甚至可以破坏计算机硬件，如 CIH 病毒能破坏部分主板的 BIOS 芯片数据，使得计算机无法正常启动。

3）蠕虫

蠕虫可以说是一类特殊的病毒，蠕虫通过分布式网络来进行扩散，与病毒类似，蠕虫也在计算机与计算机之间自我复制，但蠕虫可自动完成复制过程，而不需要通过文件作为载体复制，因为蠕虫能够接管计算机系统中传输文件或信息的功能。一旦计算机感染蠕虫，蠕虫即可独自传播。但最危险的是蠕虫可大范围复制。例如，蠕虫可向电子邮件地址簿中的所有联系人发送自己的副本，联系人的计算机也将执行同样的操作，结果造成多米诺效应（网络通信负担沉重），业务网络和整个 Internet 的速度都将受到影响。一旦新的蠕虫被释放，传播速度将非常迅速，在极短的时间内就能造成网络堵塞。

蠕虫是一种通过网络传播的恶性病毒，它具有病毒的一些共性，如传播性、隐蔽性、破坏性等，也具有自己的一些特征，如不利用文件寄生（有的只存在于内存中），以及与部分黑客技术相结合等。

蠕虫可以通过已知的操作系统后门主动地攻击一台主机，然后设法感染这台主机并使其成为一个新的攻击源，去攻击其他主机。通过这种模式，网络上所有未设防的主机都将很快地感染蠕虫，而清除它们却很麻烦，只要网络中仍存在一台主机被感染，病毒就很可能会"卷土重来"。

通常来说，蠕虫不会破坏本地磁盘文件，但它的破坏能力却由于其强大的传播能力而远在普通病毒之上，举例来说，1999 年流行的"美丽杀手"蠕虫，使得政府部门和一些大公司紧急关闭了网络服务器，经济损失超过 12 亿美元；2000 年开始流行的"爱虫"直至今日还有变种不时出现，造成的各项经济损失已超 100 亿美元；2001 年开始流行的"求职信"病毒，造成全世界大部分邮件服务器无法正常运行，大量用户无法使用电子邮件系统，损失巨大；2003 年流行的"SQL 蠕虫王"病毒，在几小时之内造成大量金融系统数据库服务器崩溃，银行系统大面积瘫痪、自动提款机运作中断，直接经济损失超过 26 亿美元。

4）木马

木马全称是"特洛依木马"，名称源自于古希腊神话传说。同故事中的"特洛依木马"类似，木马是一些表面有用，实际目的是危害计算机安全性并破坏计算机系统的程序。早期，木马是黑客们特意编写后放置在他们制作的工具软件中的，以便随时获知这些工具的使用情况，现在很多人通过将自己编写的木马放置在其他应用程序中，使下载并使用这些程序的主机在不知不觉中感染木马程序。

完整的木马程序一般由两部分组成：一部分是被控制端（服务器）程序，另一部分是控制端（客户端）程序。主机被感染就是被安装了木马的服务器程序，如果主机被安装了服务器程序，拥有控制端程序的人就可以通过网络控制他人的计算机，这时计算机上的各种文件、程序，以及在计算机上使用的账号、密码就无安全可言了。

木马通常的目的是窃取信息（如网络账号、信用卡密码、重要文档等）、监视和控制被感染主机。感染木马的计算机会偷偷通过网络向指定主机发送本机机密数据，或者莫名其妙地自动重启、自动关机，甚至出现主机被远程控制的情况。木马还常常同黑客技术相结合，如有些木马能够操纵被感染主机进行 ARP 欺骗与网络窃听，一台主机感染，整个网络的安全性将遭受到威胁。

木马相比病毒更隐蔽，更难以排查和清除，不加以重视会给企业和个人造成不可估量的损失。

5）流氓软件

流氓软件是对利用网络进行散播的一类恶意软件的统称，这些软件或者在不知不觉中偷偷安装在用户的系统中，或者采用某种手段强行进行安装，或者随某种软件一起安装到用户的系统中。

流氓软件一般以牟利为目的，强行更改用户计算机软件设置，如浏览器选项、软件自动启动选项、安全选项等。流氓软件常常在用户浏览网页过程中不断弹出广告页面，影响用户正常上网。流氓软件常常未经用户许可，或者利用用户疏忽，或者利用用户缺乏相关知识，秘密收集用户个人信息，有侵害用户信息和财产安全的潜在因素或者隐患。

流氓软件常常抵制卸载，即使当时卸载成功，几天后系统中残留的程序又会自动安装，使用户不胜其烦。

流氓软件一般由正规企业或组织制作，具备部分病毒和黑客特征，但同病毒、木马不同，不会进行主动的破坏和信息窃取，属于正常软件和病毒之间的灰色地带，因此，大部分病毒和木马查杀程序不会检测和清除流氓软件。

2．网络安全防范体系

全方位的、整体的网络安全防范体系是分层次的，不同层次反映了不同的安全问题，根据网络的应用现状和网络的结构，将安全防范体系的层次划分为物理层安全、系统层安全、网络层安全、应用层安全和安全管理等。

1）物理层安全

该层次的安全包括通信线路的安全、物理设备的安全和机房的安全等。物理层的安全主要体现在通信线路的可靠性、软硬件设备的安全性、设备的备份能力、防灾害能力、防干扰能力、设备的运行环境和不间断电源保障等。

2）系统层安全

该层次的安全问题来自网络内使用的操作系统的安全，主要表现在 3 个方面：一是操作系统本身的缺陷所带来的不安全因素，主要包括身份认证、访问控制和系统漏洞等；二是对操作系统的安全配置问题；三是病毒对操作系统的威胁。

3）网络层安全

该层次的安全问题主要体现在网络的安全性，包括网络层身份认证、网络资源的访问控制、数据传输的保密与完整性、远程接入的安全、域名系统的安全、路由系统的安全、入侵检测的手段和网络设施防毒等。

4）应用层安全

该层次的安全问题主要由提供服务所采用的应用软件和数据的安全产生，主要包括 Web 服务、电子邮件系统和 DNS 等，也包括病毒对系统的威胁。

5）安全管理

安全管理包括安全技术和设备的管理、安全管理制度、部门与人员的组织规则等。管理的制度化极大地影响着整个网络的安全，严格的安全管理制度、明确的部门安全职责划分、合理的人员角色配置都可以在很大程度上降低其他层次的安全漏洞。

3．Windows 自带的网络工具

1）ping 命令

此工具是用户最为熟悉的网络检查工具。它用于确定本地主机是否能与另一台主机成功交换（发送与接收）数据包，再根据返回的信息推断 TCP/IP 参数是否设置正确，以及运行是否正常、网络是否通畅等。

ping 命令可以将 ICMP 回显数据包发送到计算机并侦听回显回复数据包来验证与一台或多台远程计算机的连接。每个发送的数据包最多等待一秒。需要注意的是，ping 成功并不一定代表 TCP/IP 配置正确，有可能要执行大量的本地主机与远程主机的数据包交换，才能确信 TCP/IP 配置的正确性。如果执行 ping 成功而网络仍无法使用，那么问题很可能出现在网络系统的软件配置方面，ping 成功只保证当前主机与目的主机间存在一条连通的物理路径。图 6-1 所示为本地主机测试与新浪服务器之间的连接情况的反馈。

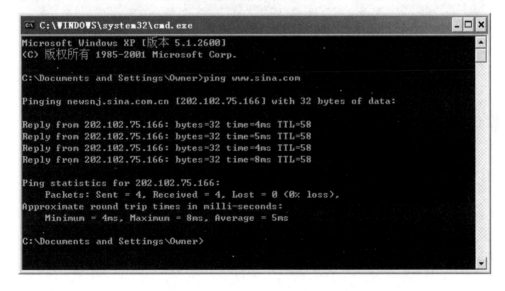

图 6-1　ping 命令的使用

默认情况下，传输 4 个包含 32 字节的 ICMP 数据（由字母组成的一个循环大写字母的序列）的回显数据包。ping 能够以毫秒为单位显示从发送回送请求到返回回送应答之间的时间。如果应答时间短，则表示数据报不必通过太多的路由器或网络连接速度比较快。ping 还能显示 TTL（存在时间）值，可以通过 TTL 值推算数据包已经通过了多少个路由器。可以使用 ping 测试计算机名和计算机的 IP 地址。ping 命令常用的参数选项有如下几个。

ping IP 地址–t：连续对 IP 地址执行解析直到被用户以 Ctrl＋C 组合键中断。

ping IP 地址–a：将 IP 地址解析为计算机名。

ping IP 地址–n：执行特定次数的 ping 命令。

2）Netstat——验证各端口的网络连接情况

Netstat 是 Windows 操作系统提供的用于查看与 IP、TCP、UDP 和 ICMP 协议相关的统计数据的网络工具，并能检验本机各端口的网络连接情况。一般通过 Netstat 来检查各类协议统计数据及当前端口使用情况，这些信息对检查和处理计算机是否存在网络安全隐患有很大的帮助。

Netstat 命令支持的参数很多，比较常用的有以下几个参数。

（1）"-s" 参数用来显示 IP、TCP、UDP 和 ICMP 协议的统计数据，经常与 "-p" 命令组合使用，以查看指定协议的统计数据。当发现浏览器打开页面速度很慢，甚至根本无法打开页面，或者电子邮件软件无法收发邮件时，很可能是 TCP 连接出现了问题，可以通过命令 "netstat –s –p tcp" 来查看 TCP 协议统计数据，判断问题所在。

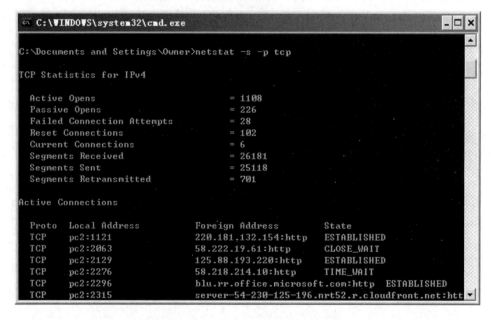

图 6-2　查看 TCP 协议统计数据

命令显示结果中各项参数的说明如下。

Active Opens：主动发起的 TCP 连接。

Passive Opens：由对方发起的 TCP 连接。

Failed Connection Attempts：失败的 TCP 连接尝试。

Reset Connections：被复位的 TCP 连接。

Current Connections：当前保持的 TCP 连接。

Segments Received：接收到的数据段。

Segments Sent：发送的数据段。

Segments Retransmitted：重传处理的数据段。

通过这些信息，能够方便地了解问题是否出现在 TCP 连接上。例如，当前保持的 TCP 连接为 0，表示现在没有成功的 TCP 连接。如果重传处理的数据段数字非常大，则很可能是与对端的网络连接通信质量出现了问题。

（2）"-e"参数用来查看关于以太网的统计数据。它列出的项目包括传送的数据报的总字节数、错误数、删除数、数据报的数量和广播的数量，图 6-3 所示为命令的执行情况。

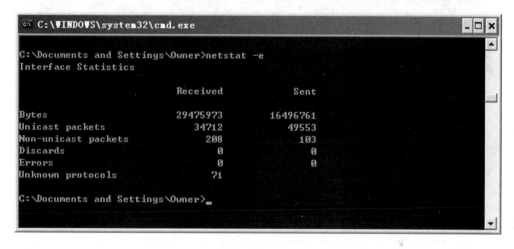

图 6-3 netstat 命令查看以太网统计数据

如果使用"netstat –e"命令发现了大量接收错误，则可能是网络整体拥塞、主机过载或者本地物理连接故障；如果发现大量发送错误，则可能是本地网络拥塞或者本地物理连接故障；如果发现广播和多播数量过大，则很可能是网络正遭受广播风暴的侵袭。

（3）"-a"与"-n"一起使用，用来查看 TCP 与 UDP 的连接情况，其中，"-a"参数用来显示所有连接及处于监听状态的端口，而"-n"参数则使用数字来表示主机与端口，更利于分析。

使用这个命令可以了解当前 TCP 与 UDP 的连接情况，分析是否有不正常的网络连接，以及本地是否打开了某些不应打开的可疑端口。通常在感染了病毒或木马后，系统会打开某些特殊端口，使用 netstat 命令可以很方便地确定系统是否被感染了，以及感染了哪种类型的病毒或木马，以便进行清除。

如图 6-4 所示，"netstat –an"命令显示的结果分为 4 列，显示信息及说明如表 6-1 所示。

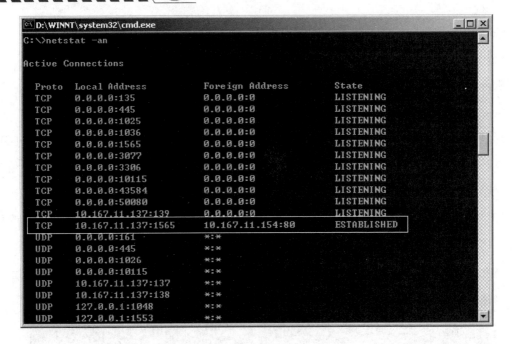

图 6-4　查看 TCP/UDP 的连接情况

表 6-1　netstat –an 命令显示信息及说明

列名	名称	说明
Proto	协议类型	有两种协议，即 TCP 与 UDP
Local Address	本地地址端口	格式如下：IP 地址:端口号
Foreign Address	对端地址端口	格式如下：IP 地址:端口号
State	连接状态	
	LISTEN	处于监听状态，等待其他主机发起对本 TCP 端口的连接请求
	SYN_SENT	处于连接尝试状态，已发送连接请求，正等待回应
	SYN_RECEIVED	接收到其他主机的连接请求
	ESTABLISHED	连接已经建立，正进行正常的数据传输
	FIN_WAIT_1	端口已关闭，连接关闭中
	FIN_WAIT_2	连接已关闭，等待对方发送结束信号
	CLOSE_WAIT	对方已经关闭，等待端口关闭
	CLOSING	两侧端口都已经关闭，但数据仍未传送结束
	LAST_ACK	端口已经关闭，等待最后的确认信号
	TIME_WAIT	正等待接收完所有网络上的数据
	CLOSED	端口已经关闭

例如：

Proto	Local Address	Foreign Address	State
TCP	10.167.11.137:1565	10.167.11.154:80	ESTABLISHED

从中可以看出这是一个 TCP 连接，远端服务器 IP 地址是 10.167.11.154，端口号为 80，是 HTTP 服务的默认端口，本地 IP 地址是 10.167.11.137，端口为 1565，连接状态是 ESTABLISHED，即正保持连接，属于正常通信状态，可以判断这个连接是本地主机正在访问 IP 地址为 10.167.11.154 的服务器的 WWW 服务。

更多时候可用这个命令查看本地主机上是否打开了一些不应打开的可疑端口，特别是某些流行的木马的固定端口，例如，BO（Back Orifice）2000 使用 54320 端口、冰河使用 7626 端口，如果这些端口被打开，则很可能已经被对应的木马入侵，需要进行清除。

3）本地路由管理

在计算机内存中也存在着路由表，而且从条目格式、工作原理到所发挥的作用上都与路由器上的路由表很相似，区别主要在于路由器的路由表管理不同子网之间的转发，而主机上的路由表主要用来指示主机向外发送数据包时，不同目的地通过哪些指定接口发送。当然，如果一台主机拥有多个网络接口，且连接着不同的子网，主机上又启动着 IP 路由转发，则它就是一台真正的路由器。

对本地计算机进行路由管理时，首先要了解本地计算机是否开启了 IP 路由转发功能。所谓 IP 路由转发，是指主机是否能充当路由器的身份在不同子网间转发数据包。除了用于担当路由器身份的主机、远程接入服务器、VPN 服务器、NAT 服务器等特意配置的服务器主机外，一般的计算机不应开启 IP 路由转发服务，否则很可能感染木马，结合 ARP 欺骗和 IP 数据包转发进行网络监听操作。

检查计算机是否开启 IP 路由转发最简单的方法是使用"ipconfig /all"命令，查看命令显示结果中的"IP Routing Enabled"参数取值，如图 6-5 所示，如果为"No"，则表示路由转发没有开启；如果为"Yes"，则表示已经开启 IP 路由转发，需要检查是否有问题。

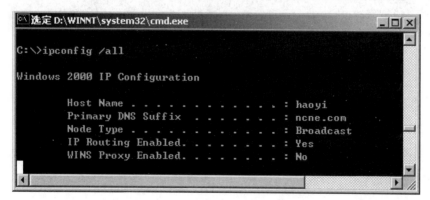

图 6-5 查看主机路由转发状态

如果要查看完整本地路由表，则可使用"route print"命令，也可以使用"netstat -r"命令，显示的结果完全一样。显示信息如图 6-6 所示，分为 3 部分。第一部分是本地网络接口信息，即网卡基本信息，其中包括网卡的 MAC 地址和名称。第二部分是处于激活（工作）状态的路由表，分为 5 列，分别是 Network Destination（目的网络）、Netmask（子网掩码）、Gateway（网关）、Interface（网络接口）和 Metric（度量）。第三部分是静态路由表，分为 4 列，分别是 Network Address（目的地址）、Netmask（子网掩码）、Gateway Address（网关地址）和 Metric（度量）。目的网络与子网掩码共同描述了目的网络的地址信息，即目的地；网关表示到达目的地的下一站或本地出口地址；接口说明发送到这个目的网络需要使用哪个网络接口（网卡）；度量描述了到达目的地的开销，当到达目的存在多条路由时，可根据它来判断优选哪条路由。

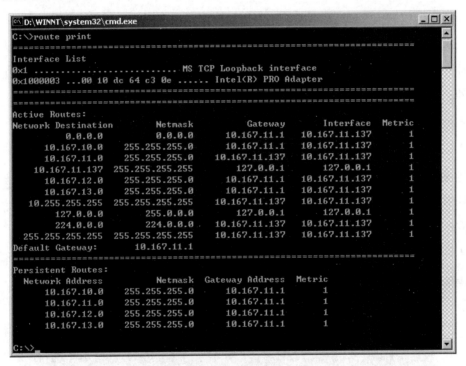

图 6-6　查看本地路由表

激活状态的路由表是当前正起作用的路由表，而静态路由表则是由管理员在计算机上定义并在每次开机时加载的路由条目。

通常，与路由相关的配置只需要配置默认网关即可，检查网关是否配置正确时，可以查看激活状态路由表的最后一行 Default Gateway 的配置信息。当激活状态路由表的最前面一行或几行时，能看到目的网络与掩码都是 0.0.0.0 的路由条目，即网络号为 0.0.0.0 时表示整个网络或任何 IP 地址，也描述了默认路由。

如果发生无法连接外网但子网内通信正常的故障，则很可能是默认网关的问题，应该先检查路由表，查看当前生效的默认网关有无发生变化或者丢失配置信息。

可以使用命令来增加、变更、删除路由表条目，增加路由表条目使用命令"router add"、删除路由表条目使用命令"router delete"、变更路由表条目使用命令"router change"。

例如，在图6-6的环境下，执行如下命令。

```
route change 0.0.0.0 mask 0.0.0.0 10.167.11.254
```

此命令用于将默认网关变更为10.167.11.254。

```
route delete 0.0.0.0 mask 0.0.0.0
```

此命令用于删除默认网关。

```
route add 0.0.0.0 mask 0.0.0.0 10.167.11.1
```

此命令用于增加默认网关为10.167.11.1。

需要注意的是，这些通过命令增加或修改的路由条目在系统重新启动后不会保留，如果想让增加的路由条目在重启系统后仍发挥作用，则需要定义静态路由表，即图6-6中显示的第三部分路由条目。定义静态路由使用命令"route print … -p"。

例如，执行命令

```
route add 10.167.14.0 mask 255.255.255.0 10.167.11.254 -p
```

可增加一条静态路由条目，表示目的地址属于10.167.14.0/24网络的数据包将通过10.167.11.254进行转发，而不通过默认网关10.167.11.1进行转发。

```
route delete 10.167.14.0 mask 255.255.255.0
```

此命令用于删除以上定义的静态路由条目（删除静态路由条目不需要加-p参数）。

灵活地应用路由命令，可以定位并解决很多由于路由表变化而造成网络通信的故障，关于路由命令的更多参数可以参考微软提供的命令手册，或使用"route -?"命令查看联机帮助。

4）本地ARP缓存管理

在TCP/IP局域网通信过程中，广泛使用的是能体现网络结构、便于管理和理解的网络层地址——IP地址，但网卡上固化的地址是物理地址——MAC地址，网卡只能通过MAC地址来判断是否接收并处理网络上的数据帧，因此，在进行通信时，必须先通过ARP协议将IP地址转换为MAC地址。

ARP是一个在局域网通信中广泛使用的协议，使用广播包发送，网络中的每台主机都是ARP协议数据包的接收者和发送者。

由于计算机之间的通信频繁，如果每次通信都通过ARP协议来获取MAC地址信息，则会造成网络和主机资源的浪费，操作系统会在主机上建立一个本地ARP缓冲区，在缓冲区中保存近期使用的IP地址与MAC地址的映射记录。

当源主机需要将一个数据包发送到目的主机时，首先检查自己的ARP缓存中是否存在该IP地址对应的MAC地址记录，如果有，则直接将数据包发送到这个MAC地址中；如果没有，则向本地网段发起一个 ARP 请求的广播包，查询此目的主机对应的 MAC 地址。这个 ARP 请求数据包中包括源主机的 IP 地址、MAC 地址，以及目的主机的 IP 地址。

网络中所有的主机收到这个 ARP 请求数据包后，都会检查数据包中的目的 IP 地址是否与自己的 IP 地址一致。如果不同，则忽略此数据包；如果相同，则该主机首先将发送端的 MAC 地址和 IP 地址添加到自己的 ARP 缓存中，如果 ARP 表中已经存在该 IP 地址信息，则覆盖，然后给源主机发送一个 ARP 响应数据包，告诉对方自己的 MAC 地址。

源主机收到这个 ARP 响应数据包后，将得到的目的主机的 IP 地址和 MAC 地址添加到自己的 ARP 缓存中，并利用此信息开始数据的传输。如果源主机一直没有收到 ARP 响应数据包，则表示 ARP 查询失败。

ARP 协议本身没有任何的验证机制，因此，接收到 ARP 包后，主机无法确认 ARP 协议数据包的发送者和信息是否属实。ARP 协议的工作方式产生了一个安全漏洞，他人可以轻易地冒名发送 ARP 协议数据包，欺骗目的主机，并借此来窃取数据。

很多病毒、木马和黑客工具为了进行网络数据窃听，常常发送错误的 ARP 协议数据包来进行 MAC 地址欺骗，被称为 ARP 欺骗和 ARP 缓存污染。ARP 欺骗会造成网络通信数据泄漏，部分主机之间无法正常通信，甚至使整个局域网无法访问外网，如 2006 年下半年开始流行的木马"传奇杀手"使得大量局域网无法访问 Internet，影响极大。如今，ARP 出现了新变种，二代 ARP 攻击已经具有自动传播能力，已有的宏文件绑定方式已经被打破，网络又面临着新的安全威胁。针对一代 ARP 病毒的单机防火墙也没有任何效果。二代 ARP 主要表现在病毒通过网络访问或主机间的访问互相传播。由于病毒已经感染到计算机主机，可以轻而易举地清除掉客户机上的 ARP 静态绑定，伴随着绑定的取消，错误的网关 IP 和 MAC 的对应可以顺利地写到客户机，ARP 的攻击又可以畅通无阻了。二代 ARP 攻击会清除计算机上的绑定，使得计算机静态绑定的方式无效。

下面来分析 ARP 欺骗过程。

假设有一个由 3 台计算机组成的局域网，该局域网由交换机连接。其中，计算机 A 代表攻击方；计算机 S 代表源主机，即发送数据的计算机；计算机 D 代表目的主机，即接收数据的计算机。这 3 台计算机的 IP 地址分别为 192.168.0.2，192.168.0.3，192.168.0.4；MAC 地址分别为 MAC_A，MAC_S，MAC_D。其网络拓扑如图 6-7 所示。

现在，假设 S 要给 D 发送数据。在 S 内部，上层的 TCP 和 UDP 的数据包已经传送到了网络接口层，数据包即将发送出去，但此时还不知道目的主机 D 的 MAC 地址 MAC_D。此时，S 要先查询自身的 ARP 缓存表，查看里面是否有 192.168.0.4 这台计算机的 MAC 地址。如果有，则直接在数据包的外面封装 MAC，直接发送出去即可；如果没有，则 S 要向全网发送一个 ARP 广播包，大声询问："我的 IP 是 192.168.0.3，硬件地址是 MAC_S，我想知道 IP 地址为 192.168.0.4 的主机的硬件地址是什么？"这时，全网络的计算机都收到了该 ARP 广播包，包括 A 和 D。A 发现其要查询的 IP 地址不是自己的，就将该数据包丢弃。而 D 发现 IP 地址是自己的，则回答 S："我的 IP 地址是 192.168.0.4，我的硬件地址是 MAC_D。"需要注意的是，这条信息是单独回答的，即 D 单独向 S 发送的，并非刚才的广播。现在 S 已经知道 D 的 MAC 地址，它可以将要发送的数据包贴上目的地址 MAC_D 并发送出去。同时，它还会动态更新自身的 ARP 缓存表，将 192.168.0.4—MAC_D 记录添加进去，这样，等 S 再次给 D 发送数据的时候，就不用大声询问并发送 ARP 广播包了。这就是正常情况下的数据包发送过程。

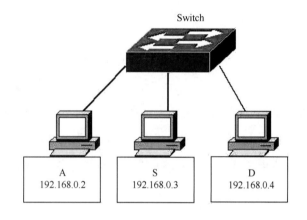

图 6-7　网络拓扑

　　这样的机制看上去很完美，似乎整个局域网也没有问题。但是，上述数据发送机制有一个致命的缺陷，即它是建立在对局域网中计算机全部信任的基础上的，即它的假设前提如下：无论局域网中哪台计算机，其发送的 ARP 数据包都是正确的。这样就很危险了。因为局域网中并非所有的计算机都安全，往往有非法者。例如，在上述数据发送中，当 S 向全网询问"我想知道 IP 地址为 192.168.0.4 的主机的硬件地址是多少？"后，D 也回应了自己的正确的 MAC 地址。但是 A 也回话："我的 IP 地址是 192.168.0.4，我的硬件地址是 MAC_A"，注意，此时它冒充自己是 D 的 IP 地址，而 MAC 地址是自己的。由于 A 不停地发送这样的应答数据包，因此 S 会将正确的记录 192.168.0.4—MAC_D，删除，而且更新为 192.168.0.4—MAC_A。显然，这是一个错误的记录，这样就导致以后凡是 S 发送给 D 的消息，都会发送给 MAC 地址为 MAC_A 的主机。这就是 ARP 欺骗的过程。

　　如果 A 不冒充 D，而冒充网关，那么后果会怎么样呢？大家都知道，如果一个局域网中的计算机要连接外网，则要经过局域网中的网关转发，所有收发的数据都要先经过网关，再由网关发向互联网。在局域网中，网关的 IP 地址一般为 192.168.0.1。如果 A 向全网不停地发送 ARP

欺骗广播，大声说："我的 IP 地址是 192.168.0.1，我的硬件地址是 MAC_A"，则此时局域网中的其他计算机没有发现问题，因为局域网通信的前提条件是信任任何计算机发送的 ARP 广播包。这样，局域网中的其他计算机都会更新自身的 ARP 缓存表，记录 192.168.0.1－MAC_A，当它们发送给网关数据时，结果都会发送到 MAC_A 中！这样，A 就会监听整个局域网发送给互联网的数据包。

任务规划

根据情景再现中的情况，可以基本判定在网络中存在 ARP 病毒。ARP 病毒可以通过查看进程 ARP 表，借助工具等方法进行查找。

任务实施

（1）查杀病毒和木马。采用杀毒软件（需更新至最新病毒库）、采用最新木马查杀软件在安全模式下彻底查杀。

（2）利用命令行查看 ARP 缓存表。这种方法利用系统自带的 ARP 命令即可完成。在命令行窗口中输入查询命令 ARP－a，即可查看缓存表。此时，再根据网络正常时全网的 IP—MAC 地址对照表，判定是本机感染了病毒还是网络中其他计算机感染了病毒，也可以通过交换机查看整个网络的 ARP 表。

（3）借助于 ARP 防火墙。打开 ARP 防火墙，输入网关的 IP 地址之后，再单击红色框内的"枚举 MAC"按钮，即可获得正确网关的 MAC 地址。单击"自动保护"按钮，即可保护当前网卡与网关的正常通信。当局域网中存在 ARP 欺骗时，该数据包会被 Anti ARP Sniffer 记录，该软件会以气泡的形式报警。此时，根据欺骗机的 MAC 地址，对比查找全网的 IP—MAC 地址对照表，即可快速定位中毒的计算机。

（4）借助于网络抓包工具 WireShark 等软件。当局域网中有 ARP 病毒欺骗时，往往伴随着大量的 ARP 欺骗广播数据包，此时 WireShark 这样的抓包工具就能派上用场了。

以上几种方法有时需要结合使用，互相印证，这样可以快速、准确地将 ARP 中毒计算机定位出来。

如果感染 ARP 病毒的是网络中的计算机，要彻底根除攻击，只有找出网段内被病毒感染的计算机，把病毒删除或将其从网络中隔离才算真正解决问题。对付 ARP 病毒可以考虑在网络中使用 PPPoE 协议进行认证上网，因为不使用 ARP 协议，也就没有 ARP 欺骗了。此外，有的交换机厂商提出了各种解决方案，如锐捷提出的子 VLAN 的相关概念，可以较好地应对 ARP 病毒。

任务总结

在遇到 ARP 病毒时，可能并不是本机感染了病毒，只是受到 ARP 攻击的影响。可以借助 ARP 防火墙实时监控计算机的 ARP 缓存，确保缓存内网关 MAC 地址和 IP 地址的正确对应。也可以求助网络管理员，在相关网络设备中进行处理，解决 ARP 的攻击。

6.2　通过防火墙防护计算机网络

情景再现

小王是一所企业的网络管理员。企业的带宽并不高，可是现在基于 P2P 的软件太多和在线视频网站的普及都严重地吞噬了带宽，造成正常的网页都无法打开。小王希望借助于新采购的硬件防火墙来限制两者的应用，使网络正常运行。

背景知识

1. 防火墙

防火墙是在一个受保护的内部网络与互联网间强制执行内网安全策略的系统，它可以防止外部网络用户以非法手段进入内部网络访问网络资源，保护内部网络操作环境的特殊网络互连设备。

防火墙原指修建于房屋之间、可以防止火灾发生时火势蔓延到其他房屋的墙壁。网络上的防火墙是指隔离在本地网络与外界网络之间的一道防御系统，通过分析进出网络的通信流量来防止非授权访问，保护本地网络安全。防火墙能根据用户制定的安全策略控制（允许、拒绝、监测、记录）出入网络的信息流，防火墙本身具有较强的抗攻击能力，是提供信息安全服务、实现网络和信息安全的基础设施。

防火墙主要用于保护安全网络，使其免受不安全网络的侵害，典型情况如下：安全网络为企业内部网络，不安全网络为 Internet。当然，防火墙也可以用于企业内部网络中不同部门网络之间的防护。

在物理上，防火墙是一组软硬件设备，也可以是软件实现的防火墙。在逻辑上，防火墙是一个隔离器，也是一个分析器，它分析进出于两个网络之间的数据，保证内部网络的安全。

防火墙负责管理内、外网络之间的通信，当没有防火墙时，内部网络完全暴露在外部网络上，给入侵者提供了方便。当存在防火墙时，作为安装在内外网络之间的一道"栅栏"，使得外部网络和内部网络的用户必须通过这道"栅栏"才能实现通信，以此来防止非法用户进入内部网络，也防止内部不安全的服务走出网络。

防火墙的作用主要有以下几个。

（1）过滤信息，保护网络上的服务。通过过滤掉一些不安全的服务，防火墙能够极大地增强内部网络的安全性，降低内部网络中主机被攻击的危险性。

（2）控制对网络中系统的访问。防火墙具有控制访问网络中系统的能力。例如，来自外部网络的请求可以到达内部网络的指定机器，而无法到达内部网络的其他机器，保证了内部网络的安全性。

（3）集中和简化安全管理。使用防火墙可以使得网络管理无需针对内部网络的每台主机专门配置安全策略，只需要针对防火墙做出合理的配置，即可实现对整个网络的保护。当安全策略需要调整时也只需修改防火墙，即可实现对内部网络的集中和简化安全管理。

（4）方便监视网络的安全性。对一个内部网络而言，重要的问题并不是网络是否受到攻击，而是何时会受到攻击。防火墙可以在受到攻击时通过 E-mail、短信等方式及时通知网络管理员，使其响应和处理。

（5）增强网络的保密性。所谓保密性是指保证信息不会被非法泄露与扩散。保密性在一些网络中是首先要考虑的问题，因此通常被认为是无害的信息中实际上包含了对攻击者有用的线索。某些防火墙会被配置用来阻止某些服务。

（6）对网络存取和访问进行监控、审计。例如，防火墙会将内外网络之间的数据访问加以记录，并提供关于网络使用的有价值的统计信息，供网络管理员分析。

（7）强化网络安全策略。防火墙提供了实现和加强网络安全策略的手段。实际上，防火墙向用户提供了对服务的访问控制方式，起到了强化网络对用户访问控制策略的作用。

当选择防火墙产品时，应了解防火墙的功能和性能。

1）处理能力

防火墙最常见的用于描述处理能力的参数是并发会话/连接数。并发会话/连接数指的是防火墙或代理服务器对其业务信息流的处理能力，是防火墙能够同时处理的点对点会话连接的最大数目，它反映了防火墙对多个连接的访问控制能力和连接状态跟踪能力。这个参数的大小会直接影响防火墙所能支持的最大信息点数。另一个常用的性能参数是每秒新建会话/连接数。每秒新建连接数是指在同一时间内防火墙能处理的新增会话的数目，从另一个方面反映了防火墙对连接的处理能力。

描述防火墙处理能力的另一个重要性能参数是吞吐量。吞吐量描述了单位时间通过防火墙的数据流量，以 b/s 为单位。在产品的吞吐量描述中，还常常将防火墙能支持的 VPN 吞吐量单独描述出来，VPN 吞吐量描述了防火墙对 VPN 数据的处理能力。

2）接口类型和数量

防火墙接口决定了防火墙能提供的外网、内网的连接的类型和数目。防火墙的常见接口类型有以太网接口、快速以太网接口、千兆以太网接口。

防火墙的接口从连接网络类型的不同上可分为外网口、内网口和 DMZ 接口，不同的接口有着不同的处理策略。有的防火墙还提供扩展接口，以用于用户自定义特殊的防护区域。

防火墙上提供了 Console 口，主要用于初始化防火墙时进行基本的配置和系统维护操作，不同产品的 Console 接口类型可能不同，一般采用 RS-232 接口或者 RJ-45 接口。有的防火墙还提供了 PCMCIA 扩展插槽、IDS 镜像口、高可用性接口等，这些是根据防火墙的功能来决定的。

3）功能

防火墙的功能决定了它是否能适应网络访问的需求，是选择防火墙产品的一个重要指标，常见的功能参数有以下几个。

（1）安全策略：安全策略是防火墙能对网络通信进行放行、拒绝、加密、认证、调度及监控的基础，安全策略能够支持的类型越多，策略的定义就越灵活，能够实现的防护功能也就越强大。支持安全策略的数量也是防火墙的重要参数，策略的数量越多，防火墙支持的防护数量就越多，但盲目提高的策略数量如果不能与防火墙的处理能力相匹配，则策略应用太多后会造成防火墙性能的急剧下降。

（2）内容过滤：内容过滤是针对通信流量的内容进行过滤的功能，如阻止被标记为不安全的 URL、实行关键词检查、对 ActiveX 和恶意脚本进行过滤等。内容过滤提供了针对当前 Internet 常见安全隐患的非常有效的防御手段。

（3）用户认证：这是针对内网用户的管理措施，要求内网用户必须经过认证，才能访问不可信网络（外网）。用户认证提供了对不同类型用户的分级管理，并能对用户访问外网的情况进行记录，以便出现安全问题后进行排查和审计。防火墙支持的用户认证方式有：使用防火墙内建用户数据库、使用外部 RADUIS 数据库服务器、使用 IP/MAC 绑定等，可以根据具体需求选择。

（4）日志：防火墙能够对通过防火墙的请求、遭受到的攻击、配置修改的信息进行记录，日志分为安全日志、时间日志和传输日志等类型。防火墙支持的日志类型、记录的数量、是否能够提供详细报表，是关系到今后网络管理工作的重要指标。

（5）VPN 支持：主流防火墙都提供了对 VPN 的支持。其支持的 VPN 类型、最大 VPN 连接数、加密方式等是用户需要关心的。

此外，防火墙支持的管理界面、是否提供丰富的管理软件、系统更新的速度、本身的安全性等参数也是选择防火墙时需要注意的。

2. 防火墙的分类

防火墙的分类有多种方式。按照实现方式可以分为硬件防火墙和软件防火墙。根据防火墙的工作方式不同，可以将防火墙分为 3 类：包过滤型防火墙、代理服务型防火墙和状态监测防火墙。

1）软件防火墙

软件防火墙以软件方式提供给客户，要求安装于特定的计算机和操作系统之上。安装完成后的计算机就成为防火墙，需要进行各项必要的配置并部署于网络的恰当位置，才能发挥其作用。

此处提到的软件防火墙与个人防火墙并不完全相同。个人防火墙也是软件防火墙的一种，但它们安装于网络终端计算机上，只能对单机提供安全防护，是一种功能比较单一的软件防火墙产品。

由于软件防火墙不在产品中提供计算机硬件，因此价格比较低廉，相比硬件防火墙，软件防火墙具有很多优点：软件防火墙安装配置灵活，易于使用；软件和硬件系统升级容易，升级成本低廉；功能配置灵活，有些产品还提供了二次开发的接口，可以根据用户的需求开发出特殊的功能。

常见的商业软件防火墙产品有：Check Point 公司的 Firewall-1、微软公司的企业级网络安全解决方案（Internet Security and Acceleration，ISA）等。

2）硬件防火墙

硬件防火墙是以硬件形式提供给客户的，有些防火墙产品为了提高产品的稳定性，常常定制计算机硬件，这些计算机硬件与普通的 PC 没有本质区别，可能为了使体积合适和方便散热进行了适度的改造，这类 PC 架构的硬件防火墙稳定性比较高。

这样的硬件防火墙与软件防火墙并无本质区别，只是提高了设备的稳定性、简化了系统的安装过程。

真正意义上的硬件防火墙也被称为芯片级防火墙，它们基于专门的硬件平台，不使用普通操作系统，将所有的防火墙功能都集成于特殊的 ASIC 芯片之中。借助专用的硬件支持，芯片级防火墙比其他种类的防火墙速度更快、处理能力更强、性能更高。由于芯片级防火墙的软、硬件都是为专业用途设计的，因此能提供更强大的功能和更简易的配置，稳定性和安全性也是所有产品中最高的。当然，芯片级防火墙的价格也是同级别产品中最昂贵的。

按照防火墙的工作方式可分为以下几类。

1）包过滤型防火墙

包过滤型防火墙也称为分组过滤型防火墙，这是一种通用型防火墙，因为它不针对各具体的网络服务而采取了特殊的处理方式；同时，绝大多数防火墙提供了包过滤功能，且满足大多数的安全需求。

包过滤型防火墙工作于 OSI 参考模型的网络层与传输层。它根据分组包的源地址、目的地址、端口号、协议类型及标志，以确定是否允许分组包通过。包过滤型防火墙所过滤的信息均位于数据包的 IP、TCP 或 UDP 包头。

包过滤型防火墙的特点如下。

（1）有选择地允许数据分组穿过防火墙，实现内部和外部主机之间的数据交换。

（2）作用在网络层和传输层。

（3）根据分组的源地址、目的地址、端口号、协议类型等确定是否让数据包通过。满足过滤条件的数据包才被转发，否则丢弃。

2）代理服务型防火墙

代理服务型防火墙也称应用网关防火墙，采用代理服务器（Proxy Server）的方式来保护内部网络。所谓代理服务，是指防火墙充当了内部网络与外部网络应用层通信的代理，内网主机与外网服务器建立的应用层链接实际上是先建立与代理服务器的链接，然后由代理服务器与外网主机建立应用层链接，这样便成功地实现了防火墙内外计算机系统的隔离。

代理服务是设置在 Internet 防火墙网关上的应用，可以设定允许或拒绝的特定的应用程序或者特定服务，例如，可以设定内部用户能使用 E-mai 和 OICQ 与外网联系，但不能使用 BT、电驴等 P2P 软件进行文件下载。代理服务型防火墙可以实现用户级访问控制，还能实现较强的数据流监控、过滤、记录和报告等功能。代理服务型防火墙的另一个重要功能是高速缓存，缓存中存储着用户经常访问的站点的内容，当另一个用户要访问同样的站点时，服务器不用重复地抓取内容，可直接从缓存中调取相应的数据，在提高用户访问速度的同时也节约了网络资源。

代理服务型防火墙解决了用户级访问控制的难题，能提供内部人员对外网的访问控制，还能对进出防火墙的信息进行记录，便于监控和审计。代理服务型防火墙安装和设置很简单，可以采用软件方式提供，成本低廉。

代理服务型防火墙的主要不足之处在于，所有跨网络访问都要通过代理来实现，牺牲了性能。在访问吞吐量大、连接数量多的情况下，代理将成为网络的瓶颈。使用代理防火墙常常需要对客户主机进行相应的设定，而有些软件无法直接通过代理方式访问外网，必须安装第三方软件，牺牲了透明度，大大增加了网络管理的工作量。

代理服务型防火墙是中小企业进行网络安全防护与外网访问控制常用的解决方案，著名的代理服务型防火墙产品有美国 NAI 公司的 Gauntlet 防火墙，也可以安装 Linux 中的 Squid、Windows 中的 ISA 等软件来实现防火墙的功能。

3）状态监测防火墙

状态监视技术结合了包过滤与代理技术的优点，具有最佳的安全特性。状态监测防火墙采用了一个在网关上执行网络安全策略的软件引擎，称之为检测模块，检测模块在不影响网络正常工作的前提下，采用抽取相关数据的方法对网络通信的各层实施监测，抽取的部分数据被称为状态信息。检测模块将获取的状态信息动态地保存起来，作为今后制定安全决策的参考。检测模块支持多种协议和应用程序，并可以很容易地实现应用服务的扩充。与其他安全方案不同，当用户访问到达网关的操作系统前，状态监视器要抽取有关数据进行分析，结合网络配置和安全规定做出接纳、拒绝、鉴定或为该通信加密等决定。一旦某个访问违反安全规定，安全报警器就会拒绝该访问，并向系统管理器报告网络状态。

状态监测防火墙能提供完整的网络安全防护策略、详细的统计报告、较快的处理速度，能够防御各种已知和未知网络攻击行为，适用于各类网络环境，在一些复杂的大型网络中更能发挥其优势，是当前主流的防火墙技术。

状态监测防火墙的缺点是配置复杂，对系统性能要求较高，设备昂贵，对网络访问速度会造成一定的影响。

状态监测技术由 Check Point 公司首先提出，现在主流防火墙开发厂商的产品，如 Cisco 的 PIX 防火墙、NetScreen 防火墙等大都采用了状态监测技术。

3. 防火墙的部署

一般来讲，企业内部网常采用局域网技术，外部网常为广域网，用路由器来互连内部网和外部网，因此，路由器所在的位置也应是防火墙的位置；有时路由器中也集成了防火墙的功能。防火墙设施通常具有 2 个或者 1 个端口；使用双端口时，端口分别接外部网和内部网。防火墙还能通过提供 DMZ（非军事管制区域）接口，提供外网主机对内网特定主机的访问，如挂载于内网上的电子邮件服务器与 WWW 服务器。防火墙的典型部署如图 6-8 所示。

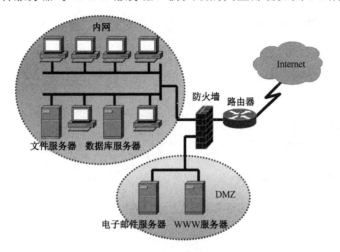

图 6-8　防火墙部署

任务规划

使用迪普防火墙规范研发部、市场部的网络使用。要求研发部 P2P 下载总带宽为 800kb/s，市场部禁止浏览 Web 视频。

任务实施

公司的网络拓扑结构如图 6-9 所示。

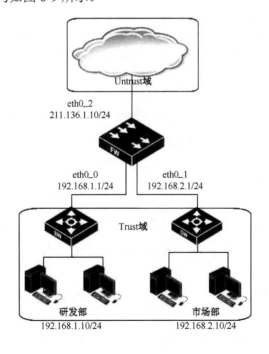

图 6-9　公司网络拓扑图

可以在防火墙中做如下设置来完成要求。

（1）配置接口 IP 地址。

（2）配置安全域。

（3）配置 IP 地址对象。

（4）配置静态路由。

（5）配置源 NAT 策略。

（6）配置带宽限速策略。

（7）配置网络应用访问控制策略。

（8）配置包过滤策略。

（9）验证配置。

操作过程如下：

1. 配置接口 IP 地址

进入"基本"→"网络管理"→"接口配置"→"组网配置"页面，在 IP 列单击"无"，选择"静态 IP"选项，设置 IP 地址，接口 eth0_0 的 IP 地址为 192.168.1.1/24，接口 eth0_1 的 IP 地址为 192.168.2.1/24，接口 eth0_2 的 IP 地址为 211.136.1.10/24，单击"确认"按钮，如图 6-10 所示。

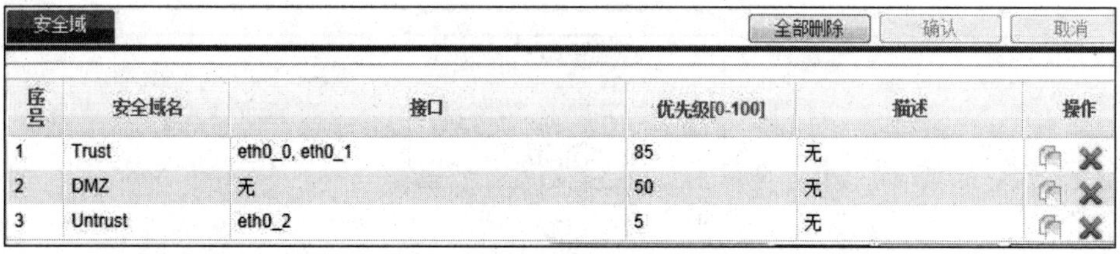

安全域			全部删除	确认		取消
序号	安全域名	接口	优先级[0-100]	描述		操作
1	Trust	eth0_0, eth0_1	85	无		
2	DMZ	无	50	无		
3	Untrust	eth0_2	5	无		

图 6-10 配置接口地址

2. 配置安全域

进入"基本"→"网络管理"→"网络对象"→"安全域"页面，将 eth0_0、eth0_1 加入 Trust 域，将 eth0_2 加入 Untrust 域，单击"确认"按钮，如图 6-11 所示。

3. 配置 IP 地址对象

进入"基本"→"网络管理"→"网络对象"→"IP 地址"页面，单击"复制"按钮，添加用户 IP 地址，研发部的 IP 地址为 192.168.1.10/24，市场部的 IP 地址为 192.168.2.10/24 ，单击"确认"按钮，如图 6-12 所示。

名称	工作模式	类型	描述	IP设置	vlan设置	开启/关闭	生效IP/Mac地址
⊕eth0_0	三层接口	LAN	eth0_0	静态IP 主地址(IPV4): 192.168.1.1/24	无	开启	IP: 192.168.1.1/24 MAC: 00:24:ac:36:ef:07
⊕eth0_1	三层接口	LAN	eth0_1	静态IP 主地址(IPV4): 192.168.2.1/24	无	开启	IP: 10.18.10.79/16 MAC: 00:24:ac:36:ef:03
⊕eth0_2	三层接口	LAN	eth0_2	静态IP 主地址(IPV4): 211.136.1.10/24	无	开启	IP: 无 MAC: 00:24:ac:36:ef:06

图 6-11　配置安全域

名称	限速参数	有效时间	状态
P2P组	P2P等 -- 上行:0K -- 下行:800K		使能

图 6-12　配置 IP 地址对象

4. 配置静态路由

进入"基本"→"网络管理"→"单播 IPv4 路由"→"静态路由"页面，添加默认路由，单击"确认"按钮，如图 6-13 所示。

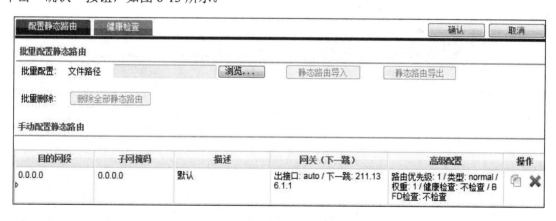

图 6-13　配置静态路由

5. 配置源 NAT 策略

进入"基本"→"防火墙"→"NAT"→"源 NAT"页面，配置研发部及市场部可以访问外网，添加 NAT 策略名称，出接口选择"eth0_2"，发起源选择"研发、市场"，如图 6-14 所示。

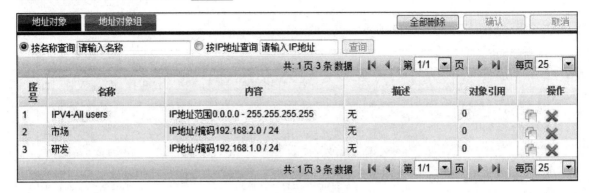

图 6-14　配置源 NAT 策略

6．配置带宽限速策略

进入"业务"→"访问控制"→"带宽限速"→"用户组限速"页面，配置研发部用户组 P2P 下载总带宽为 800kb/s，配置限速策略名称为 P2P 组，限速参数网络应用组勾选"P2P"复选框，下行限速带宽为 800kb/s，状态选择"使能"。

7．配置网络应用访问控制策略

进入"业务"→"访问控制"→"网络应用访问控制"页面，配置市场部禁止观看 Web 视频，策略名称为"web 视频"，网络应用组选择"Web 多媒体"，动作为"阻断"，如图 6-15 所示。

图 6-15　配置网络应用访问控制策略

8．配置包过滤策略

（1）进入"基本"→"防火墙"→"包过滤策略"页面，配置研发部用户组 P2P 下载带宽为 8000K，包过滤名称"P2P 限速"，源域选择"Trust"，目的域选择"Untrust"，源 IP 选择"研发"，目的 IP 选择"All"，服务选择"All"，动作选择"高级安全业务——用户组限速"，下行选择"P2P 组"，如图 6-16 所示。

图 6-16 配置访问包过滤策略（一）

（2）配置市场用户组禁止访问 Web 视频，包过滤名称为"web 视频"，源域选择"Trust"，目的域选择"Untrust"，源 IP 选择"市场"，目的 IP 选择"All"，服务选择"All"，动作选择"高级安全业务——访问控制"，下行选择"web 视频"，如图 6-17 所示。

名称	源域	目的域	源IP	目的IP	服务	生效时间	动作	使能
P2P限速	Trust	Untrust	IP对象:研发	All	All	All Time	高级安全业务用户组限速下行: P2P组	启用
web视频	Trust	Untrust	IP对象:市场	All	All	All Time	高级安全业务访问控制下行:web视频	启用

图 6-17 配置访问包过滤策略（二）

9. 验证配置

研发部员工使用迅雷下载资源最大速度不会超过 800kb/s，市场部用户访问 youku 网站浏览视频受限。

任务总结

随着网络应用的快速增长，基于各种协议的网络应用日趋增加，新一代防火墙具备了丰富的应用识别，能够依据协议特点识别各种网络应用和网络动作，并且内置到防火墙内部；且对各种网络应用和动作的识别可以动态更新。大家可以根据要求来完成对网络的精细化管理。

 小结

网络安全基础与网络安全防范技术：在网络安全基础中介绍了网络安全的概念、网络安全防范体系和网络中存在的威胁等内容；在网络安全防范技术中介绍了操作系统自带的工具、防火墙技术，以及病毒、木马与流氓软件防治等内容。

网络中存在的威胁主要来自于黑客、病毒、木马和流氓软件等。

Windows 操作系统自带了一些工具可以为网络安全提供一些帮助，防火墙技术也是网络安全防范的重要手段。对于个人来说，黑客、病毒、木马及流氓软件的防范需要借助一些大众化的专用工具。

习　题

一、填空题

1．网络中存在的威胁主要有_____、_____、_____、_____和_____。

2．常见的黑客攻击行为有：_____、_____、_____、_____、_____、_____、_____和进行拒绝服务攻击，造成服务器瘫痪等。

3．完整的木马程序一般由两部分组成：一部分是_____程序，另一部分是_____程序。

4．网络上的防火墙是指隔离在_____之间的一道防御系统，通过分析进出网络的通信流量来防止_____，保护本地网络安全。

5．防火墙能根据用户制定的安全策略控制（_____、_____、_____和_____）出入网络的信息流。

6．防火墙的作用主要为_____、_____、_____、_____、_____和_____。

7．防火墙按照实现方式可以分为_____和_____。根据防火墙的工作方式不同，可以分为_____、_____和_____。

8．计算机病毒具有的特点是_____、_____、_____和_____。

9．木马的主要特征是_____、_____、_____、_____和_____。

10．流氓软件主要有_____、_____、_____、_____和_____。

11．病毒查杀程序一般按照以下顺序进行处置：_____、_____和_____。

二、简答题

1．网络中存在的威胁有哪些？

2．常见的黑客攻击行为有哪些？

3．蠕虫病毒与普通病毒的主要区别是什么？

4．网络状态查看工具 Netstat 的主要参数有哪些？基本用途是什么？

5．什么是网络防火墙？其基本功能是什么？

6．根据防火墙的工作方式，防火墙可以分为几类？简述各类防火墙之间的差别。

反侵权盗版声明

电子工业出版社依法对本作品享有专有出版权。任何未经权利人书面许可，复制、销售或通过信息网络传播本作品的行为；歪曲、篡改、剽窃本作品的行为，均违反《中华人民共和国著作权法》，其行为人应承担相应的民事责任和行政责任，构成犯罪的，将被依法追究刑事责任。

为了维护市场秩序，保护权利人的合法权益，我社将依法查处和打击侵权盗版的单位和个人。欢迎社会各界人士积极举报侵权盗版行为，本社将奖励举报有功人员，并保证举报人的信息不被泄露。

举报电话：（010）88254396；（010）88258888

传　　真：（010）88254397

E-mail:　　dbqq@phei.com.cn

通信地址：北京市万寿路 173 信箱

　　　　　电子工业出版社总编办公室

邮　　编：100036